Uni-Taschenbücher 963

T0216138

UTB

Eine Arbeitsgemeinschaft der Verlage

Birkhäuser Verlag Basel und Stuttgart
Wilhelm Fink Verlag München
Gustav Fischer Verlag Stuttgart
Francke Verlag München
Paul Haupt Verlag Bern und Stuttgart
Dr. Alfred Hüthig Verlag Heidelberg
Leske Verlag + Budrich GmbH Opladen
J. C. B. Mohr (Paul Siebeck) Tübingen
C. F. Müller Juristischer Verlag – R. v. Decker's Verlag Heidelberg
Quelle & Meyer Heidelberg
Ernst Reinhardt Verlag München und Basel
K. G. Saur München · New York · London · Paris
F. K. Schattauer Verlag Stuttgart · New York
Ferdinand Schöningh Verlag Paderborn
Dr. Dietrich Steinkopff Verlag Darmstadt
Eugen Ulmer Verlag Stuttgart
Vandenhoeck & Ruprecht in Göttingen und Zürich

Mathematische Behandlung
naturwissenschaftlicher Probleme · Teil 1

Manfred Stockhausen

Mathematische Behandlung naturwissenschaftlicher Probleme

Teil 1
Behandlung von Meßwerten – Funktionen

Eine Einführung für Chemiker
und andere Naturwissenschaftler

Mit 60 Abbildungen und 10 Tabellen

Springer-Verlag Berlin Heidelberg GmbH

Prof. Dr. *Manfred Stockhausen*, geb. 1934, Studium der Physik in Mainz, dort Habilitation 1972. Lehrt seit 1975 Mathematik und Chemische Physik am Fachbereich Chemie der Universität Münster.

CIP-Kurztitelaufnahme der Deutschen Bibliothek

Stockhausen, Manfred:

Mathematische Behandlung naturwissenschaftlicher Probleme / Manfred Stock-hausen. – Darmstadt: Steinkopff.
Teil 1. Behandlung von Meßwerten, Funktionen: e. Einf. für Chemiker u.a. Naturwissenschaftler. – 1979.
    (Uni-Taschenbücher; 963)
    ISBN 978-3-7985-0549-0   ISBN 978-3-642-87436-9 (eBook)
    DOI 10.1007/978-3-642-87436-9

Einbandgestaltung: Alfred Krugmann, Stuttgart

Gebunden bei der Großbuchbinderei Sigloch, Stuttgart

Vorwort

Viele Fachwissenschaften, Naturwissenschaften zumal, kommen ohne ein gewisses mathematisches Repertoire nicht aus. Der akademische Unterricht kann dieses freilich nicht mit der vielleicht wünschenswerten mathematischen Gründlichkeit vermitteln, sondern muß – allein schon wegen der für ein Nebenfach verfügbaren Zeit – in besonderem Maße fachspezifische Anwendungsgebiete hervorheben und für sie gleichsam gebrauchsfertiges Handwerkszeug anbieten. Daher haben sich mehr und mehr spezialisierte Lehrveranstaltungen „Mathematik für ..." eingebürgert. Die vorliegenden Taschenbuch-Bände basieren auf einer solchen mehrsemestrigen Einführungsvorlesung, die regelmäßig für Studenten der Chemie und benachbarter Fachrichtungen gehalten wird.

Der angehende Naturwissenschaftler sollte meines Erachtens auf diesem Gebiet nicht nur die gebräuchlichen Rechentechniken seiner Fachregion kennenlernen, sondern auch auf die Rolle hingewiesen werden, die die Mathematik im Rahmen seines Faches und dessen Theorienbildung spielt. Ein Modellansatz ist nicht schon deshalb gut, weil man mit ihm rechnen kann. Diesem Ziel dient hier eine Stoffgliederung, die vom mathematischen Standpunkt nicht durchweg folgerichtig ist.

Die Darstellung ist geschrieben vom Standpunkt eines experimentierenden Naturwissenschaftlers im Allgemeinen, eines Chemikers im Besonderen. Sie folgt in großen Zügen dem Gang vom Meßwert zur Theorie. Dabei ergibt sich zwanglos eine Zweiteilung. Von der Messung beobachtbarer Größen kommt man zum funktionalen Zusammenhang und zur Analysis, zu den Methoden also, die zur Beschreibung der „makroskopischen" Eigenschaften der Materie gebraucht werden. Sie sind der Inhalt der ersten beiden Bände. Die „mikroskopischen" Eigenschaften der Materie lassen sich nur von einem anderen Ausgangspunkt her erfassen. In die einschlägigen Methoden, welche dann die Grundlage der Quantenchemie bilden – im wesentlichen also die lineare Algebra –, führt der dritte Band ein.

Aus dem skizzierten Ansatz ließen sich die mathematischen Hilfsmittel aller Naturwissenschaften entwickeln, und so mag die vorliegende Darstellung, wenn man einmal von einigen Problemkreisen absieht, die speziell für die Chemie von Belang sind, auch für Studenten anderer naturwissenschaftlicher oder technischer Fächer von Interesse sein. Sie ist als einführende Übersicht gedacht, bemüht, so weit es möglich ist, die Anschauung, weist aber auch darauf hin, welche Sachverhalte sich noch veranschaulichen lassen und welche prinzipiell unanschaulich sind. Mathematische Fragen im engeren Sinne werden oft nur an der Oberfläche berührt. Ein Naturwissenschaftler wird sich diesen lockeren Umgang mit seinem Handwerkszeug erlauben, soweit er sicher sein kann, daß die vom Mathematiker in Strenge herausgearbeiteten Voraussetzungen seiner Anwendbarkeit gegeben sind. Nichts wäre indes für den Autor befriedigender, als wenn er den einen oder anderen Leser auch zur weiterführenden und vertiefenden Lektüre eines Mathematikbuches anregen könnte.

Münster, im Februar 1979   *Manfred Stockhausen*

Inhalt

Einleitung:
Über das Verhältnis von Mathematik und Naturwissenschaften

Kaum jemand wird bezweifeln wollen – erst recht nicht seit dem Aufkommen des Computers –, daß Mathematik eine nützliche, hilfreiche, ja in gewissem Sinne die „einzig wahre" Wissenschaft sei. Genießen nicht mathematisch eingekleidete Aussagen im täglichen Leben weithin den Vorzug einer besonderen Glaubwürdigkeit? So scheint es müßig, eine einleitende Bemerkung über die Hintergründe der mathematischen Behandlung naturwissenschaftlicher Probleme zu machen. Und doch ist das Verhältnis der Mathematik zu den Naturwissenschaften ein wenig differenzierter, als es auf den ersten Blick scheinen mag, und es kann nicht schaden, wenn sich der angehende Naturwissenschaftler als Anwender der Mathematik darüber im klaren ist – und bleibt.

Was die Naturwissenschaften – im heutigen Sinne des Wortes – betreiben, ist die Suche nach Natur„gesetzen". Ein namhafter Sachverständiger, nämlich *Kant*, beschreibt das so:

„Die Vernunft muß mit ihren Prinzipien, nach denen allein übereinkommende Erscheinungen für Gesetze gelten können, in einer Hand, und mit dem Experiment, das sie nach jenen ausdachte, in der anderen an die Natur gehen, zwar um von ihr belehrt zu werden, aber nicht in der Qualität eines Schülers, der sich alles vorsagen läßt, was der Lehrer will, sondern eines bestallten Richters, der die Zeugen nötigt, auf die Fragen zu antworten, die er ihnen vorlegt *)."

Die Prinzipien der Vernunft, die *Kant* nennt, findet man konkretisiert in der reinen Mathematik: einem System des streng logischen Schließens, das auf nur in sich selbst gerechtfertigten Grundlagen, den Axiomen, ruht, die also durchaus nicht der Erfahrung zu entstammen brauchen. Die Mathematik bedient sich weiter einer rein formalen Sprache, um aus den Axiomen neue Sätze und Theoreme herzuleiten. Die „Wörter" dieser Sprache sind zwar wohldefiniert und präzise, stellen aber keine Begriffe der Erfahrungswirklichkeit dar – im Gegensatz zur natürlichen Sprache. So ist die Mathematik als

---

*) Vorrede zur 2. Auflage der Kritik der reinen Vernunft.

axiomatische Wissenschaft gerade *keine* Naturwissenschaft, indem sie nicht von der erfahrbaren Natur ausgeht; ihre Axiome und Begriffe sind vielmehr – im Wortsinne – „bedeutungs"los. Sie ist also, wie die Logiker sagen mögen, ein „uninterpretierter Kalkül", gewissermaßen die reine Syntax einer (formalen) Sprache.

Erst die Zuordnung der mathematischen „Wörter" zu Begriffen der Erfahrungswelt schafft die Bedeutungsinhalte, die Semantik dieser Sprache, ergibt einen „interpretierten Kalkül". Die Mathematisierung einer Wissenschaft ist überhaupt nur möglich, soweit diese Zuordnung möglich ist. Hier findet sich also der Ansatzpunkt zur mathematischen Behandlung naturwissenschaftlicher Probleme: *Wenn* sich mathematischen Begriffen solche der Erfahrung zuordnen lassen, und *wenn* mathematische Axiome zu in der Natur vorgefundenen Gegebenheiten passen, dann können wir die Mathematik als formale Sprache benutzen, in der wir über unsere Erfahrung sprechen, und können auch die rein mathematisch gezogenen Folgerungen, die theoretisch abgeleiteten Gesetze als „wahr" – und das heißt wiederum mit der Erfahrung im Einklang – ansehen. Ob nun aber die vorgenommene Zuordnung der Begriffe gerechtfertigt ist, ob also ein von den Mathematikern geliefertes Handwerkszeug anwendbar ist, kann einzig und allein durch Prüfung an der Erfahrung, durch Fragen an die Natur festgestellt werden. Daher muß – im Sinne von *Kant* – alle Naturwissenschaft Experimentalwissenschaft sein.

Die verschiedenen Arten der in den Fachwissenschaften gebräuchlichen Begriffe (und darunter sind, anders als in der Umgangssprache, in jedem Fall Wörter wohldefinierter und präziser Bedeutung zu verstehen) kann man sich unter dem Gesichtspunkt ansehen, ob sie sich mathematischen Begriffen wohl überhaupt zuordnen lassen. Offenbar ist das bei rein klassifizierenden, beschreibenden Begriffen (wie sie z.B. im *Linné*schen System der Botanik verwendet werden) nicht möglich. Die Begriffe müssen vielmehr *metrisierbar* sein, also sich in Form quantitativer Daten, als *Meßgröße*, fassen lassen. Das ist eine Voraussetzung, die manchmal übersehen wird. Von den Sinneseindrücken, die unsere Erfahrung vermitteln, sind beispielsweise nur wenige quantifizierbar, so daß, wie *Eddington* sagte, physikalische oder chemische Meßgrößen unschwer auch von einem fast aller Sinne beraubten, nur einäugigen Beobachter ermittelt werden könnten.

Die Situation des Naturwissenschaftlers ist also typischerweise die, daß er, mit einer Fülle von Meßdaten in der einen Hand – den Antworten der Natur auf seine Fragen –, mit der anderen in den mathematischen Fundus greift und einen Formalismus sucht, der seine Befunde in der Sprache der Mathematik auszudrücken gestattet. Diese Formulierung erlaubt ihm dann theoretische Vorhersagen, die sich experimentell bestätigen lassen – oder auch nicht. Der letztere Fall ist in der Geschichte der Naturwissenschaften nicht selten: Ein bekanntes Beispiel ist der atomare Bereich, in dem die früher benutzte mathematische Formulierung sich schließlich als nur beschränkt brauchbar erwies und durch eine ganz andere ersetzt werden mußte, mit der sich – bis heute jedenfalls – die zunehmende Fülle experimenteller Erfahrungen mathematisch einwandfrei fassen läßt.

Man sieht daran, daß die Mathematik die Aufgabe der konzisen Beschreibung, der knappsten Formulierung, der logischen Zusammenfassung experimenteller Befunde übernimmt*), aber von sich aus nichts über die reale Bedeutung oder gar die ,,Wahrheit'' dessen, was man als mathematisches *Modell* konstruiert hat, sagen kann.

Mathematik ist das abstrakte, ordnende Handwerkszeug des Naturwissenschaftlers, doch kümmert sie sich, sozusagen, nicht um die Gegenstände, auf die sie angewandt wird. Diese Gegenstände und die Grundlagen der betreffenden Wissenschaft entstammen der experimentellen *Erfahrung*. Mit dieser Feststellung wird keineswegs die Bedeutung der Mathematik für die Naturwissenschaften gemindert. Im Gegenteil: Der enorme Aufschwung der Naturwissenschaften ist, historisch gesehen, gerade durch ihre Mathematisierung und das daraus erwachsende Wechselspiel von Theorie und Experiment möglich gewesen. Das zeigt sich am Gegenbeispiel des alten China, wo von alters her der frei spekulierende Naturphilosoph sich nicht mit Mathematikern und Feldmessern gemein machte: Trotz einer Fülle von Naturbeobachtungen entstand dort keine Naturwissenschaft in unserem heutigen Sinne.

Die skizzierten Verhältnisse mögen die Richtung vorzeichnen, in der wir bei der Beschreibung des mathematischen Handwerkszeuges – hier insbesondere des Chemikers – fortschreiten wollen. Ausgangspunkt ist die Meßgröße und die Frage, wie ihr mit den abstrakten mathematischen Begriffen beizukommen ist. Von da kann man zu den Zusammenhängen mehrerer Meßgrößen, der Beschreibung der Ursache-Wirkung-Abfolge (deren Wesen wiederum die Mathematiker gar nicht interessiert) übergehen, und so fort zu weiteren Fragen. Dieser Weg läßt sich aber nicht stetig verfolgen, falls auch nur die wichtigsten der den Chemiker interessierenden Probleme behandelt wer-

---

*) Die mathematische Kraft ist die ordnende Kraft, sagt der Romantiker *Novalis*.

den sollen. Die Erfahrung hat nämlich, wie schon angedeutet, gezeigt, daß zur Beschreibung „makroskopischer" Sachverhalte, also etwa der Eigenschaften der Materie in ihren verschiedenen Aggregatzuständen, andere mathematische Methoden angemessen und erforderlich sind als zur Beschreibung „mikroskopischer" Sachverhalte, der Eigenschaften des einzelnen Atoms oder Moleküls. Dementsprechend muß ein Bruch auftreten in der sich entwickelnden Darstellung mathematischer Methoden.

Diese Darstellung wird sich übrigens auf eine recht oberflächliche Beschreibung des mathematischen Handwerkszeugs beschränken, die zunächst dessen Anwendbarkeit im Auge hat und seine innere Beschaffenheit nur soweit erklärt, wie es zur sachgemäßen Anwendung erforderlich ist. Es ist klar, daß damit keine Mathematik im fachspezifischen Sinne des Wortes getrieben wird.

1. Vom Meßwert zum funktionalen Zusammenhang

1.1. Einiges über Meßgrößen als Zahlen und als Skalare oder Vektoren

Wenn wir im folgenden versuchen werden, Meßgrößen als mathematische Größen zu fassen, so ist es nützlich, eine triviale und doch beachtenswerte Tatsache voranzustellen: *Meßgrößen sind keine mathematischen Zahlen.* Man sieht das sofort an Angaben wie: 1,4 V, oder: $3 \cdot 10^{-5}$ g/l. Sie bestehen aus ihrem Zahlenwert und der Angabe einer Einheit. Beide sind als miteinander multipliziert anzusehen, verdeutlicht geschrieben:

$$\text{Meßgröße} = \text{Zahlenwert} \times \text{Einheit}. \qquad [1]$$

Im allgemeinen nimmt man die komplette Meßgröße in mathematische Formulierungen auf. *Gleichungen*, die naturwissenschaftliche Zusammenhänge beschreiben, *müssen daher vor allem anderen dimensionsmäßig konsistent sein*, d. h. auf beiden Seiten des Gleichheitszeichens müssen Ausdrücke gleicher (physikalischer) Dimension stehen.

Der Begriff der physikalischen Dimension meint die Art der Meßgröße (z. B. Länge), ohne spezielle Einheiten (z. B. m oder mm) vorzuschreiben. Er ist zu unterscheiden von den geometrisch gemeinten Dimensionsangaben (2-dimensionale Fläche, 3-dimensionaler Raum).

Nur in Ausnahmefällen, die im folgenden nicht weiter betrachtet werden sollen, interessiert man sich für die Zahlenwerte allein (Zahlenwertgleichungen) oder die Einheiten allein (Einheitengleichungen).

Beispiel: Der Preis P eines Gegenstandes sei in Mark und Dollar angegeben. Es sei (für unsere Zwecke gerundet)

$$P(\text{in DM}) = 2 \cdot P(\text{in \$}).$$

Da für P jeweils irgendwelche Zahlen zu setzen sind, ist das eine Zahlenwertgleichung. Man kann auch die Einheiten miteinander vergleichen:

$$1 \text{ DM} = \frac{1}{2} \text{ \$}.$$

In dieser Gleichung taucht der Umrechnungsfaktor 2 im Nenner auf. Bei der kompletten „Meßgröße" – hier dem Wert des Gegenstandes – fällt der Umrechnungsfaktor heraus; der Wert ist der gleiche, unabhängig von der benutzten Währung.

Die mathematische Behandlung eines Problems braucht sich, sofern man immer mit den kompletten Meßgrößen arbeitet, bei der Frage der zu verwendenden Maßeinheiten nicht aufzuhalten. Ihre Wahl ist ohnehin Sache der Physik, nicht der Mathematik.

So bleibt im folgenden eine scheinbar überflüssige Frage: Welcher Art sind die in den Meßgrößen auftauchenden Zahlen, und welcher Art sind die in der Mathematik benutzten Zahlen (Abschnitt 1.1.1.)? Daran sei gleich noch eine andere Frage angeschlossen: Sind die unserer Erfahrung zugänglichen Meßgrößen eigentlich alle durch nur *einen* Zahlenwert zu beschreiben (Abschnitt 1.1.2.)?

1.1.1. Zahlen

(I) Rationale Zahlen

Die natürlichen Zahlen 1, 2, 3, ... lassen sich mit der Null und den negativen Zahlen zur Menge der *ganzen Zahlen* ..., -3, -2, -1, 0, 1, 2, 3, ... zusammenfassen. Daraus bildet man die – echten oder unechten – Brüche der Form

$$\frac{p}{q},\qquad\qquad [2]$$

wo p und q ganze Zahlen sind (überdies muß $q \neq 0$ sein, weil die Division durch Null unsinnig ist). Man setzt voraus, daß sich der Bruch nicht kürzen läßt, also daß p und q teilerfremd sind. Alle in der Form der Gl. [2] darstellbaren Zahlen – darunter also auch die ganzen – werden *rationale Zahlen* genannt.

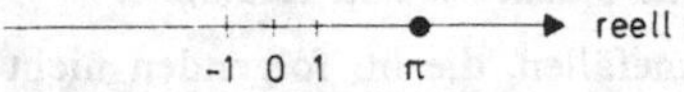

Abb. 1.1. Reelle Zahlengerade

Um sich die Menge der rationalen Zahlen zu veranschaulichen, benutzt man die einem Längenmaßstab nachempfundene Zahlengerade (Abb. 1.1.).

Das Vorgehen, sich abstrakte mathematische Sachverhalte bildlich zu veranschaulichen, ist dem Verständnis sehr oft förderlich. Nur muß man sich vor dem Trugschluß hüten, daß der Sachverhalt „wirklich" so aussieht, wie ihn das Bild zeigt, welches doch nichts anderes als ein *graphisches Modell* ist. Natürlich gibt es Ausnahmen; dann aber wollen wir ausdrücklich darauf hinweisen, daß einem Bild über den Zweck der Veranschaulichung hinaus auch reale, gewissermaßen geometrisch faßbare Bedeutung zukommt.

Die rationalen Zahlen beispielsweise lassen sich auch anders, etwa durch Kuchenstückchen, veranschaulichen; nur wird sich zeigen, daß die Darstellung auf der Zahlengeraden gewisse Vorteile bei den weiteren Betrachtungen bietet.

Sehen wir uns beispielsweise die rationalen Zahlen

$$\frac{9}{10}, \quad \frac{99}{100}, \quad \frac{999}{1000} \ldots$$

an! Sie bilden eine sog. Zahlenfolge, in der die Zahlen immer dichter an die Zahl Eins heranrücken, ohne sie je zu erreichen („die Folge konvergiert gegen Eins"). Eine Zahl der Folge kann noch so dicht bei Eins liegen, es lassen sich immer noch beliebig viele angeben, die näher bei Eins liegen. Diesen Sachverhalt – der natürlich für andere Zahlenbeispiele ebenso festzustellen ist – meint man, wenn gesagt wird: Die Zahlengerade ist *dicht* mit rationalen Zahlen belegt.

(II) Reelle Zahlen

Es gibt Zahlen, die sich nicht wie Gl. [2] als Brüche darstellen lassen und die deshalb *irrationale Zahlen* heißen. Ein einfaches Beispiel ist die Zahl $\sqrt{2}$.

Wir beweisen, daß $\sqrt{2}$ irrational ist, indem wir probeweise annehmen, es sei doch rational, also

$$\sqrt{2} = \frac{p}{q}$$

mit teilerfremden, ganzen p und q, und diese Annahme falsifizieren, d.h. zum Widerspruch führen. Nach obigem wäre

$$2q^2 = p^2.$$

Wegen des Faktors 2 ist die linke Seite gerade, also auch p^2 gerade, also auch p gerade. Daher muß auch p den Faktor 2 enthalten, so daß z.B.

$$p = 2r$$

zu schreiben wäre. Damit wäre $p^2 = 4r^2$ oder aber, oben eingesetzt:

$$q^2 = 2r^2.$$

Mittels der bereits benutzten Argumentation sieht man, daß nun q gerade sein, also den Faktor 2 enthalten muß, wie auch schon p. Das ist aber ein Widerspruch zu der Annahme, p und q seien teilerfremd. Daher ist die Annahme nicht zu halten.

Andere wichtige irrationale Zahlen sind

$$e = 2{,}7182 \ldots,$$
$$\pi = 3{,}1415 \ldots. \tag{3}$$

Irrationale Zahlen sind stets *nicht*periodische unendliche Dezimalbrüche, während rationale Zahlen periodische oder sogar endliche Dezimalbrüche sind.

7

Rationale und irrationale Zahlen faßt man zu den *reellen Zahlen* zusammen. Auf der Zahlengeraden lassen sich auch die irrationalen Zahlen veranschaulichen, und so gilt wie für die rationalen erst recht für die reellen Zahlen, daß sie die Zahlengerade dicht belegen (Abb. 1.1.).

Daß sich die irrationalen Zahlen noch zwischen die bereits dicht liegenden rationalen Zahlen „quetschen" lassen, zeigt, wie schwierig eine einleuchtende Veranschaulichung ist.

(III) Komplexe Zahlen

Keine der bisher erwähnten Zahlen ergibt beim Quadrieren etwas Negatives, und so scheint es sinnlos, umgekehrt die Wurzel aus einer negativen Zahl ziehen zu wollen. Trotzdem arbeitet die Mathematik mit solchen Wurzeln, die sie als *imaginäre Zahlen* bezeichnet. Beispielsweise schreibt man

$$\sqrt{-2} = \sqrt{-1} \cdot \sqrt{2}$$

oder

$$\sqrt{-4} = \sqrt{-1} \cdot \sqrt{4} = \sqrt{-1} \cdot 2,$$

wobei man auf das Produkt aus $\sqrt{-1}$ und einer gewöhnlichen reellen Zahl kommt. Man kürzt ab:

$$\sqrt{-1} = i \quad (\text{manchmal auch:} = j) \qquad [4]$$

und nennt i die „imaginäre Einheit", so wie man die Zahl 1 als die „reelle Einheit" anzusprechen hat.

Die imaginäre Einheit ergibt, wenn man sie quadriert, -1. Es ist also:

$$\begin{aligned} i^2 &= -1, \\ i^3 &= -i, \\ i^4 &= +1. \end{aligned} \qquad [5]$$

Man kann mit i wie mit einem normalen Zeichen der Buchstabenrechnung arbeiten. Beispielsweise kann man, wenn i im Nenner steht, erweitern:

$$\frac{1}{i} = \frac{i}{i^2} = \frac{i}{-1} = -i.$$

Die imaginären Zahlen, die ja von der Form ib sind, wo b irgendeine reelle Zahl ist, kann man ebenso wie die reellen Zahlen auf einer Geraden veranschaulichen. Sie ist in Abb. 1.2. zur deutlichen Unterscheidung von der reellen Zahlengeraden nach oben gezeichnet.

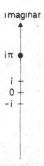

imaginär

iπ ●

i
0
-i

Abb. 1.2. Imaginäre Zahlengerade

Zur allgemeinsten Art von Zahlen, den *komplexen Zahlen*, kommt man nun, indem man eine reelle und eine imaginäre Zahl in einer Summe zusammenfügt:

$$z = a + ib.$$ [6]

Darin bedeutet a, wie auch b, eine reelle Zahl. Die reelle Einheit, also die Zahl 1, könnte man noch als Faktor zu a hinzuschreiben, um die formale Entsprechung des Realteils von z zum Imaginärteil deutlich zu machen.

Die Alternative, die beiden Zahlen als Produkt zusammenzufassen, ergibt wieder eine imaginäre Zahl, iab, also nichts dem Wesen nach Neues.

Zur Schreibweise: Komplexe Zahlen werden häufig mit z bezeichnet. Für den Realteil ist auch die Abkürzung $a = \text{Re}\,z$ gebräuchlich, für den Imaginärteil $b = \text{Im}\,z$.

Zur Veranschaulichung der komplexen Zahlen spannt man aus der reellen und der imaginären Zahlengeraden ein rechtwinkliges Achsenkreuz auf. Schnittpunkt der Geraden ist die Null, die ja sowohl reell als auch imaginär ist. Die Zahl z wird nun in der so gebildeten *Gaußschen Zahlenebene* (Abb. 1.3.) als Punkt eingetragen, so wie man sie bei kartesischen Koordinaten üblicherweise auch tut. Man nennt aus diesem Grunde Gl. [6] auch die *kartesische Darstellung* einer komplexen Zahl. Alle Punkte auf der reellen Achse stellen rein reelle, alle Punkte auf der imaginären Achse rein imaginäre Zahlen dar.

Zwei komplexe Zahlen sind dann und nur dann gleich, wenn sie durch denselben Punkt der Zahlenebene dargestellt werden, also sowohl im Realteil als auch im Imaginärteil übereinstimmen. Dieser Satz ist grundlegend beim Rechnen mit komplexen Zahlen.

9

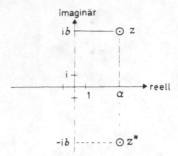

Abb. 1.3. Komplexe Zahlenebene. Kartesische Darstellung einer Zahl (z) und der zu ihr konjugiert komplexen (z^*)

Von Bedeutung ist noch diejenige komplexe Zahl, die sich aus einer gegebenen, z, durch Umkehr des Vorzeichens *im Imaginärteil* bilden läßt. Man nennt sie die *zu z konjugiert komplexe Zahl* und bezeichnet sie mit z^*. Es ist also

$$z^* = a - \mathrm{i}b, \qquad\qquad [7]$$

falls $\qquad\qquad z = a + \mathrm{i}b.$

Offensichtlich kann man die Betrachtung auch umdrehen und sagen: z ist die konjugiert komplexe Zahl zu z^*.

Auch bei komplizierter aufgebauten komplexen Ausdrücken erhält man den konjugiert komplexen, indem man einfach an allen Stellen, wo i steht, es durch −i ersetzt.

Die konjugiert komplexe Zahl z^* zu z findet man in der Zahlenebene durch Spiegelung von z an der reellen Achse, wie Abb. 1.3. zeigt.

(IV) Zwischenbemerkung über Zahlenwerte von Meßgrößen und Zahlen in der Mathematik

Die komplexen Zahlen sind, wie erwähnt, die allgemeinste Form der Zahlen in der Mathematik. Die mathematische Theorie wird oft „einfach" (im Sinne von umfassend und doch ökonomisch), wenn man mit komplexen Zahlen arbeitet, umständlicher oder gar undurchführbar, wenn man sich auf reelle oder rationale Zahlen beschränken wollte*).

---

*) Beispiele für mathematische Zusammenhänge, die sich nur mit komplexen Zahlen einfach darstellen, bringen Kap. 2.2.1.II (Fundamentalsatz der Algebra), Kap. 7 (Funktionentheorie), oder auch Kap. 12.2. (*Fourier*-Entwicklung).

Auf der anderen Seite erhebt sich die Frage, ob komplexe Zahlen in der Natur, und das heißt als Zahlenwerte von Meßgrößen, überhaupt vorkommen. Das ist nicht der Fall! Alles Messen läuft im Prinzip auf den Vergleich einer Größe mit einem Standard hinaus, und dabei kommt man auf Ergebnisse der Form Gl. [2], also auf rationale Zahlen. Somit ist bereits die Hinzunahme auch nur der irrationalen Zahlen, also das Rechnen mit reellen Zahlen, eine philosophische Erweiterung unseres Erfahrungsbereiches.

Man wird einwenden, daß simple Meßaufgaben wie die Ermittlung einer Kreisfläche irrationale Zahlen, hier π, benötigen. Aber der Kreis im mathematischen Sinne ist ebenfalls eine Abstraktion, die in der Natur nicht vorkommt.

In bezug auf den Gebrauch reeller Zahlen für Meßgrößen braucht man nun freilich keine Bedenken zu haben, da die Zahlengerade ohnehin dicht sowohl mit rationalen als auch mit reellen Zahlen belegt ist. Anders steht es mit den komplexen Zahlen. Soweit es sich als nötig erweist, einen mathematischen Formalismus mit komplexen Größen zu benutzen – und das ist z. B. in der Quantenchemie unumgänglich –, *müssen die an der Erfahrung prüfbaren Größen der Theorie, die also Meßgrößen zugeordnet sein sollen, dennoch reell sein.*

Daß die Quantenchemie mit komplexen Größen arbeitet, zeigt einmal mehr den Modellcharakter der mathematischen Beschreibung. Sie kann nicht sagen, und soll es auch gar nicht, wie etwas im anschaulichen Sinne „wirklich ist".

(V) Umgang und Rechnen mit komplexen Zahlen

Die Veranschaulichung einer komplexen Zahl in der Ebene legt es nahe, die Lage des Punktes, statt durch die kartesischen Angaben von Realteil a und Imaginärteil b, durch zwei andere reelle Zahlen zu charakterisieren. Man denke sich beispielsweise den Punkt als Ende

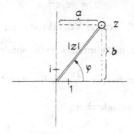

Abb. 1.4. Komplexe Zahlenebene. Bestimmungsstücke für die verschiedenen Darstellungen einer Zahl

eines Zeigers; seine Lage ist dann durch Angabe der Zeigerlänge und des Drehwinkels ebenso vollständig charakterisiert wie durch die kartesischen Angaben (Abb. 1.4.). Man nennt die Zeigerlänge *Betrag* $|z|$ und den von der positiven reellen Achse im Gegenuhrzeigersinn (mathematisch positiven Sinn) gemessenen Drehwinkel das *Argument* φ der komplexen Zahl z.

Folgende Umrechnung ergibt sich aus dem in Abb. 1.4. eingezeichneten rechtwinkligen Dreieck*):

$$|z| = \sqrt{a^2 + b^2},$$
$$\tan \varphi = \frac{b}{a}, \tag{8a}$$

oder umgekehrt

$$a = |z| \cos \varphi, \\ b = |z| \sin \varphi. \tag{8b}$$

Mit Gl. [8b] kann man die kartesische Darstellung Gl. [6] der komplexen Zahl umformen in ihre *trigonometrische Darstellung*:

$$z = |z| \, (\cos \varphi + i \sin \varphi). \tag{9}$$

Hier ist $|z|$ eine reelle Zahl und nur der Klammerausdruck ist komplex.

Die Klammer in Gl. [9] kann man als Potenz mit rein imaginärem Exponenten schreiben, was sich allerdings erst mit den Methoden der Differentialrechnung zeigen läßt ($\rightarrow$ Kap. 3.5.4.III). Wir definieren daher einstweilen die folgende Schreibweise als Abkürzung:

$$\cos \varphi + i \sin \varphi = e^{i\varphi} \tag{10}$$

(*Euler*sche Formel); die reelle Zahl e ist in Gl. [3] angegeben. Damit erhält man aus der trigonometrischen die *Exponentialdarstellung* einer komplexen Zahl:

$$z = |z| e^{i\varphi}. \tag{11}$$

Der Betrag der Zahl $e^{i\varphi}$ – ohne Vorfaktor – ist stets 1.

Das Argument φ wird nicht im Gradmaß, sondern im Bogenmaß (rad) angegeben:

$$\varphi \,(\text{in rad}) = \frac{2\pi}{360} \cdot \varphi \,(\text{in grad}) **). \tag{12}$$

(Beispiel für eine Zahlenwertgleichung!)

---

*) Zur Definition der trigonometrischen Funktionen $\rightarrow$ Kap. 2.2.2.
**) 1 rad = 57,3°.

12

Für das *Rechnen* mit komplexen Zahlen gilt nun die einfache Regel: *Man rechnet mit dem Zeichen* i *wie mit einem normalen Buchstaben-symbol in der Algebra.*

Grundsätzlich ist es gleichgültig, in welcher der drei Darstellungs-möglichkeiten man die Zahlen angibt. Ziel einer Rechnung wird es jedenfalls sein, das Endergebnis in eine der Formen Gl. [6] oder [9] oder [11] zu bringen. Dabei ist erforderlichenfalls an Gl. [5] zu denken, so daß keine Potenzen von i stehen bleiben!

Bei der *Addition* und *Subtraktion* ist die kartesische Darstellung am vorteilhaftesten. Seien zwei Zahlen

$$z_1 = a_1 + ib_1,$$
$$z_2 = a_2 + ib_2$$

gegeben. Für ihre Summe (Differenz) gilt

$$z = z_1 \pm z_2 = (a_1 + ib_1) \pm (a_2 + ib_2)$$
$$= (a_1 \pm a_2) + i(b_1 \pm b_2), \qquad [13]$$

d. h. man bildet die Summe (Differenz) für Real- und Imaginärteil ge-trennt. In der Zahlenebene bedeutet die Summenbildung, daß man z als resultierende Diagonale im Parallelogramm aus z_1 und z_2 erhält (Abb. 1.5.). Die Subtraktion kann man als Addition von z_1 und $(-z_2)$ auffassen; $(-z_2)$ ist durch den zu z_2 entgegengerichteten Zeiger gleichen Betrags gegeben.

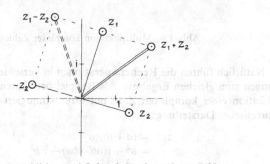

Abb. 1.5. Addition und Subtraktion komplexer Zahlen

Die *Multiplikation* wie auch die *Division* komplexer Zahlen ist am übersichtlichsten in der Exponentialdarstellung. Seien zwei Zahlen

$$z_1 = |z_1| e^{i\varphi_1},$$
$$z_2 = |z_2| e^{i\varphi_2}$$

13

gegeben. Für ihr Produkt ergibt sich nach den Regeln der Potenzrechnung*)

$$z = z_1 z_2 = |z_1| e^{i\varphi_1} |z_2| e^{i\varphi_2}$$
$$= |z_1||z_2| e^{i(\varphi_1 + \varphi_2)}. \qquad [14a]$$

d. h. die *Beträge* werden miteinander *multipliziert*, die *Argumente* aber *addiert*! – Entsprechend ergibt die Division

$$z = \frac{z_1}{z_2} = \frac{|z_1|}{|z_2|} e^{i(\varphi_1 - \varphi_2)}. \qquad [14b]$$

In der Zahlenebene hat der resultierende Zeiger den als Produkt (Quotient) der Einzelbeträge errechneten Betrag, und er ist um die Summe (Differenz) der Einzelargumente gedreht (Abb. 1.6.).

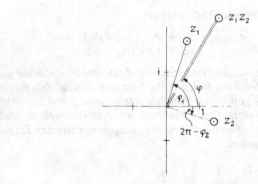

Abb. 1.6. Multiplikation komplexer Zahlen

Natürlich führen die Rechenoperationen in verschiedenen Darstellungen zum gleichen Ergebnis. Als Beispiel betrachten wir die Multiplikation einer komplexen Zahl mit ihrer konjugiert komplexen. In kartesischer Darstellung:

$$zz^* = (a + ib)(a - ib)$$
$$= a^2 + i(ab - ba) - i^2 b^2$$
$$= a^2 + b^2;$$

in Exponentialdarstellung (z und z^* haben stets gleichen Betrag!):

$$zz^* = |z| e^{i\varphi} |z| e^{-i\varphi}$$
$$= |z|^2.$$

---

*) Regeln → Kap. 2.2.3.1.

Wegen Gl. [8a] stimmen beide Ergebnisse überein. Der Befund ist wichtig: *Das Produkt einer komplexen Zahl mit ihrer konjugiert komplexen ist immer eine reelle Zahl, nämlich das Betragsquadrat von z*:

$$zz^* = |z|^2. \qquad [15]$$

Von Gl. [15] macht man bei der Anwendung komplexer Zahlen oft Gebrauch.

Beispiel: Es sollen der Quotient zweier Zahlen in kartesischer Darstellung angegeben werden:

$$z = \frac{z_1}{z_2} = \frac{a_1 + ib_1}{a_2 + ib_2}.$$

Man erweitert den Bruch mit dem konjugiert komplexen Wert des Nenners; dadurch wird der Nenner reell. Den Zähler zerlegt man in Real- und Imaginärteil, indem man die Glieder ohne und mit i zusammenfaßt. So erhält man

$$z = \frac{a_1 a_2 + b_1 b_2}{a_2^2 + b_2^2} + i \frac{a_2 b_1 - a_1 b_2}{a_2^2 + b_2^2}.$$

(VI) Behandlung naturwissenschaftlicher Zusammenhänge mit Hilfe komplexer Zahlen

Wir begründeten bereits, daß man die komplexe Rechnung nur gebrauchen kann, sofern dafür gesorgt ist, daß sich als Endresultat – welches einer Meßgröße entsprechen soll – eine reelle Größe ergibt. Dazu gibt es zwei Wege: Man rechnet komplex, vereinbart aber, daß als Meßgröße immer nur

(α) der Realteil oder aber

(β) das Betragsquadrat, Gl. [15]

gemeint ist. Beide sind ihrer Natur nach reelle Größen.

Der erste Weg wird bei der Behandlung von Schwingungsproblemen verfolgt, der zweite in der Quantenchemie. Hier sei als Beispiel nur die *komplexe Beschreibung einer Schwingung* skizziert.

Wir betrachten einen Zeiger des festen Betrages $|z|$, der sich in der Zahlenebene im Gegenuhrzeigersinn mit der Winkelgeschwindigkeit ω dreht, so daß sein Argument

$$\varphi = \omega t \qquad (t: \text{Zeit})$$

ist, falls er zum Zeitpunkt $t = 0$ in Richtung der positiven reellen Achse lag. In Exponentialdarstellung ist also

$$z = |z| e^{i\omega t}. \qquad [16a]$$

15

Man legt nun gemäß (α) fest, daß nur der Realteil von z als Meßgröße Bedeutung hat. Nach Gl. [10] ist er

$$\operatorname{Re} z = |z| \cos \omega t, \qquad [16b]$$

also eine cosinusförmig schwingende Größe. In Umkehrung des Vorstehenden sagt man nun: Eine (reelle), durch eine *Cosinus*-Funktion gemäß Gl. [16b] beschriebene Schwingung wird in komplexer Form durch Gl. [16a] repräsentiert.

In den beiden Gl. [16a] und [16b] sind $|z|$ die Amplitude und $\omega = 2\pi/T$ die Kreisfrequenz der Schwingung (T: Periodendauer).

Wenn der Zeiger beim Start zum Zeitpunkt $t = 0$ nicht in Richtung der positiven reellen Achse ($\varphi = 0$), sondern z. B. in Richtung der negativen imaginären Achse ($\varphi = -\pi/2$) gelegen hätte, ergäbe sich

$$z = |z| e^{i\left(\omega t - \frac{\pi}{2}\right)}, \qquad [17a]$$

und da allgemein $\cos\left(\alpha - \dfrac{\pi}{2}\right) = \sin\alpha$ ist,

$$\operatorname{Re} z = |z| \sin \omega t. \qquad [17b]$$

Also repräsentiert Gl. [17a] eine durch eine *Sinus*-Funktion beschriebene Schwingung in komplexer Form.

Zur Veranschaulichung pflegt man die Zeiger in derjenigen Lage in die Zahlenebene einzuzeichnen, die sie zum Startzeitpunkt $t = 0$ haben (Abb. 1.7.). Die „Phasendifferenz". $\dfrac{\pi}{2}$ zwischen den als Bei-

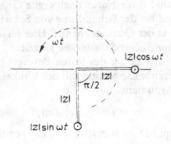

Abb. 1.7. Komplexe Darstellung von Schwingungen. Die Zeiger, welche Cosinus- und Sinus-Abhängigkeit darstellen, zum Zeitpunkt $t = 0$

spiel genannten Schwingungen wird dabei unmittelbar als geometrischer Winkel deutlich; sie ändert sich auch nicht, wenn man sich beide Zeiger mit gleichem ω rotierend denkt.

Indem man zur komplexen Schreibweise übergeht, fügt man der reellen Funktion einen für die Meßgröße völlig bedeutungslosen, nur mathematisch zweckmäßigen Imaginärteil hinzu. Daran ändert sich nach allfälligen Rechnungen nichts, da in Gleichungen zwischen komplexen Zahlen immer Real- und Imaginärteile für sich genommen gleich sind. So kann man im Endergebnis der Rechnung den Imaginärteil wieder unbeachtet lassen und erhält das gleiche wie bei rein reeller Rechnung. Das Verfahren erscheint daher reichlich überflüssig, bringt jedoch große Rechenvorteile.

So ist aus Abb. 1.7. ohne Zuhilfenahme trigonometrischer Theoreme ersichtlich, daß die additive Überlagerung einer Sinus- und einer Cosinus-Schwingung gleicher Amplitude $|z|$ eine resultierende Schwingung ergibt, deren Amplitude $\sqrt{2} \cdot |z|$ ist und die um einen Phasenunterschied von $\pi/4$ hinter einer Cosinus-Schwingung herhinkt (komplexe Addition!).

Die Vorteile der komplexen Beschreibung von Schwingungen rühren vor allem daher, daß man die einfacheren Regeln der Potenzrechnung an Stelle der unübersichtlicheren Beziehungen der Trigonometrie verwenden kann.

Man kann trigonometrische Beziehungen geradezu über die Exponentialdarstellung komplexer Zahlen ableiten. Ein *Beispiel:* Es ist

$$e^{i \cdot 2\varphi} = (e^{i\varphi})^2.$$

Führt man nun beide Seiten jeweils unter Zuhilfenahme der *Euler*schen Formel, Gl. [10], aus, so ergibt sich

$$\cos 2\varphi + i \sin 2\varphi = (\cos^2 \varphi - \sin^2 \varphi) + i\,(2 \sin \varphi \cos \varphi).$$

Da Real- und Imaginärteil für sich übereinstimmen müssen, hat man damit zwei trigonometrische Beziehungen für Winkelvielfache bekommen:

$$\cos 2\varphi = \cos^2 \varphi - \sin^2 \varphi,$$
$$\sin 2\varphi = 2 \sin \varphi \cos \varphi.$$

1.1.2. Skalare und Vektoren

Wir haben vorn die Frage aufgeworfen, ob eigentlich alle Meßgrößen mit nur *einer* Zahlenangabe vollständig charakterisierbar seien. Viele alltägliche Erfahrungen lehren, daß sie verneint werden muß. So ergeben sich zweifellos verschiedene Resultate, wenn man beispielsweise 1000 km nach Norden oder nach Süden fährt; es kommt also nicht nur auf die Distanz, sondern auch auf die Richtung an. Die physikalische Größe „Weg" ist eine der Größen, die man als *Vektoren* bezeichnet; ein anderes, häufig herangezogenes Beispiel ist die Kraft. Da der Raum unserer Anschauung 3 Dimensionen hat, *sind Vektoren erst durch 3 Zahlenangaben vollständig charakterisiert.* Das unterscheidet sie von den *Skalaren*, für die nur *eine* Zahlenangabe erforderlich ist. Beispiele dafür sind Größen wie Temperatur oder Masse.

(I) Darstellung von Vektoren im dreidimensionalen Raum

Der Vektor wird durch einen Pfeil dargestellt, der in Richtung der betreffenden Größe – z. B. der Kraft – weist. Seine Länge zeichnet man proportional zur wirkenden Kraft; um Zahlenangaben zu machen, ist es darüberhinaus nötig, den Maßstab der Zeichnung festzulegen (z. B. die Länge in der Zeichnung, die der Krafteinheit entsprechen soll).

Die quantitativen Richtungsangaben, die weiter zur Charakterisierung des Vektors erforderlich sind, lassen sich erst machen, wenn man zuvor ein Gerüst festlegt, auf das man diese Angaben beziehen kann (etwa ein räumliches Analogon zu den Himmelsrichtungen). Wir benutzen dazu ein rechtwinkliges, räumliches System, dessen drei Achsenrichtungen beispielsweise mit der Längen-, Breiten- und Höhenerstreckung des Arbeitsraumes korrespondieren mögen („Laborsystem"); sein Nullpunkt kann nach Zweckmäßigkeitsgesichtspunkten beliebig festgelegt werden.

Die drei Achsen des Bezugssystems legen zunächst nur *Richtungen* im Raum fest; man muß noch verabreden, welche Bedeutung sie als *Skala* haben sollen. Dazu gibt es verschiedene Möglichkeiten. Die

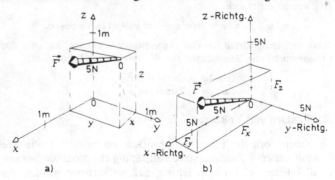

Abb. 1.8. Kraftvektor $\vec{F}$ in räumlicher Darstellung. a) im Ortsraum (x, y, z sind die Ortskoordinaten des Angriffspunktes); b) im Kraftraum (F_x, F_y, F_z sind die Kraftkomponenten)

nächstliegende ist ihre Einteilung in Längeneinheiten, z. B. m. Auf diese Weise kann man dann die Lage eines Punktes im Raum durch drei Längenangaben, seine drei *Ortskoordinaten* x, y, z angeben. Wenn es sich nun darum handelt, eine vektorielle Größe darzustellen, die an diesem Ort wirksam ist oder dort vorgefunden wird, so zeichnet man den zugehörigen Vektorpfeil mit seinem hinteren Ende an den betreffenden Ort (z. B. Angriffspunkt der Kraft).

In Abb. 1.8a. ist als Beispiel ein Kraftvektor mit seinem Angriffspunkt gezeichnet. Letzterer ist durch den „Kasten" mit den Seiten x, y und z festgelegt. Um den Vektor herum kann man einen zweiten Kasten zeichnen, und zwar so, daß der Pfeil darin zur räumlichen Diagonale wird (Abb. 1.8b.). Für *dessen* Betrachtung ist es erforderlich, die Achsen – unter Beibehaltung der festgelegten räumlichen Orientierung – in Einheiten der betrachteten vektoriellen Größe zu unterteilen. Dazu ist der gleiche Maßstab zu wählen, in dem man auch die Länge des Vektors zeichnet.

Man kann sich überhaupt auf die Darstellung des zweitgenannten Kastens beschränken und braucht dazu die Achsen auch nur in Einheiten der Vektorgröße zu unterteilen. Das hintere Ende des Vektors pflegt man in *diesem* Fall in den Nullpunkt des Systems zu legen, da nur noch seine Richtung (und Länge) von Interesse sind, während sich *Orts*koordinaten (also etwa sein Angriffspunkt) jetzt gar nicht darstellen lassen. Deshalb kann man auch ohne weiteres den Vektor beliebig parallel verschieben *).

Die beiden Darstellungsarten sollten sorgfältig unterschieden werden, obwohl ihr graphisches Bild gleich aussieht, solange keine Maßeinheiten und Skalen eingezeichnet werden. Hier spielt die Tatsache eine Rolle, daß Meßgrößen nicht nur Zahlen sind! Die erste Darstellungsweise ist im allgemeinen gemischt (Beispiel: Vektor der Dimension Kraft in Achsen der Dimension Länge), die zweite rein (alle: Dimension Kraft). In der „reinen" Veranschaulichungsweise haben nur noch die Achsen*richtungen* geometrisch-faßbare Bedeutung; die Achsen*skalen* dagegen können, da sie nicht-geometrische Größen eben nur bildhaft darstellen sollen, beliebig geteilt werden**).

Eine Sonderrolle bezüglich der Veranschaulichung spielt die Charakterisierung der geometrischen Lage eines Punktes durch seinen *Ortsvektor* (dessen Komponenten gerade die drei Ortskoordinaten des Punktes sind). In diesem Falle ist die Achsenskala sozusagen wirklich das, was sie zu sein scheint, näm-

---

*) Daher spricht man in dieser Darstellungsweise auch von „freien" Vektoren.

**) Diese Beliebigkeit des Maßstabs ist allbekannt; man denke an die Wind-Pfeile auf der Wetterkarte.

lich eine Längenskala. Wenn es um Darstellungsfragen geht, werden wir deshalb auch später zwischen Ortskoordinaten und Nicht-Ortskoordinaten unterscheiden müssen.

Solange wir nicht einen Überblick über eine vektorielle Größe und ihr Verhalten an *verschiedenen* Orten gewinnen wollen (also nicht ein *Vektorfeld* im Auge haben, z. B. die Schwerkraft an verschiedenen Stellen des Raumes), benutzen wir die zweite Art der Darstellung. Sie ist in Abb. 1.8b. skizziert. Die Kantenlängen des Quaders, dessen Hauptdiagonale der Vektor ist, geben die *Komponenten* des Vektors in den drei Raumrichtungen wieder (alle ausgedrückt in Einheiten der betreffenden Meßgröße; im Beispiel der Abb.: $F_x = 6\,\text{N}$, $F_y = 2\,\text{N}$; $F_z = 3\,\text{N}$). Offensichtlich wird durch Angabe der drei Komponenten der Zweck erreicht, den Vektor nach Länge und Richtung festzulegen.

Eine vektorielle Größe wird allgemein gekennzeichnet durch einen übergesetzten Pfeil (Kraft $\vec{F}$, Ortsvektor $\vec{r}$), auch durch Frakturschrift, Fettdruck oder andere Hervorhebungen. Will man die Komponenten eines beliebigen Vektors $\vec{a}$ aufführen, so schreibt man

$$\vec{a} = (a_x, a_y, a_z) \text{ oder } \vec{a} = \begin{pmatrix} a_x \\ a_y \\ a_z \end{pmatrix}. \qquad [18]$$

Neben dieser Komponentendarstellung eines Vektors gibt es die zweite Möglichkeit, direkt seine Länge anzugeben und seine Richtung durch Winkelangaben festzulegen, in Analogie zur Darstellung komplexer Zahlen. Der zeichnerisch durch die Länge des Vektors ausgedrückte Wert heißt Betrag $|\vec{a}|$ (oft schreibt man dafür auch nur a). Die Richtung kann durch die Winkel φ_x, φ_y, φ_z zwischen dem Vektor und der positiven x-, y- resp. z-Achse fixiert werden. Wenn zwei dieser Winkel bekannt sind, ergibt sich der dritte zwangsläufig – bis auf eine Zweideutigkeit, vgl. Abb. 1.9.

Insofern genügen in dieser Darstellung nicht drei Angaben, nämlich Betrag und zwei Winkel; man braucht noch eine zusätzliche Angabe, um einen der beiden möglichen Vektoren auszuwählen.

Aus der Komponentendarstellung ergibt sich der Betrag (vgl. Abb. 1.8b.) zu

$$|\vec{a}| = \sqrt{a_x^2 + a_y^2 + a_z^2} \qquad [19]$$

(„räumlicher Pythagoras").

20

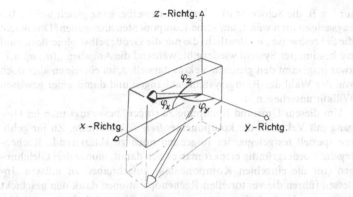

Abb. 1.9. Festlegung der Vektorrichtung durch Winkel. Der an der $x-y$-Ebene gespiegelte Vektor hat die gleichen Winkel φ_x und φ_y (Zweideutigkeit bei Angabe nur dieser Winkel)

Für die Winkel gilt wegen des aus dem Vektor (als Hypothenuse) und je einer Komponente (als Kathete) gebildeten Dreiecks ($\rightarrow$ Kap. 2.2.2.1):

$$\cos\varphi_x = a_x/|\vec{a}|,$$
$$\cos\varphi_y = a_y/|\vec{a}|, \qquad [20]$$
$$\cos\varphi_z = a_z/|\vec{a}|.$$

Diese Größen heißen *Richtungskosinus* des Vektors. Sie sind nicht voneinander unabhängig, da wegen Gl. [19]

$$\cos^2\varphi_x + \cos^2\varphi_y + \cos^2\varphi_z = 1 \qquad [21]$$

ist. Demnach läßt sich ein Winkel aus den beiden anderen ausrechnen – allerdings, wie erwähnt, bis auf eine Zweideutigkeit wegen des cos-Vorzeichens.

Die Darstellung eines Vektors in der Ebene zeigt in graphischer Hinsicht Verwandtschaft mit der Darstellung komplexer Zahlen. Das ist rein äußerlich; denn im Gegensatz zur Zahlenebene haben wir es jetzt – im allgemeinen – nicht mehr mit reinen Zahlen zu tun (die dargestellten Größen haben eine physikalische Dimension), und zudem haben jetzt die Achsenrichtungen geometrisch-faßbare Bedeutung.

(II) Wozu Vektorrechnung?

Die Schreibweise „$\vec{a}$" für eine vektorielle Größe, also die linke Seite von Gl. [18] statt der ausführlicheren rechten, hat über den Behuf der Abkürzung hinaus noch einen allgemeineren Sinn. Ein gegebener Vek-

21

tor – z. B. die Schwerkraft – bleibt ja derselbe, ganz gleich welche Bezugsachsen man wählt, um seine Komponenten anzugeben. Das macht die Schreibweise „$\vec{a}$" deutlich, die nur die Größe selbst ohne Bezug auf ein bestimmtes System wiedergibt, während die Angaben „(a_x, a_y, a_z)" zwar insgesamt den gleichen Vektor darstellen, im einzelnen aber doch von der Wahl des Bezugssystems abhängen und damit einer gewissen Willkür unterliegen.

Um diesem Umstand Rechnung zu tragen, bevorzugt man im Umgang mit Vektoren die komponenten*freie* Schreibweise. Zu ihr gehören speziell festgelegte, im folgenden noch zu skizzierende Rechenregeln. Vordergründig erspart man es sich damit, immer drei Gleichungen (für die einzelnen Komponenten) aufschreiben zu müssen. Indessen führen die vektoriellen Rechenoperationen dank den geschickt definierten Verknüpfungen zu wesentlich übersichtlicheren und eleganteren Ergebnissen als die – an sich mögliche – Rechnung mit Komponenten. Weiterhin ist die Vektorrechnung – über die hier betrachteten Anwendungen im Dreidimensionalen hinaus – sehr verallgemeinerungsfähig. Man kann sie geradezu als Musterbeispiel eines abstrakten mathematischen Formalismus ansehen, der eine große Zahl naturwissenschaftlicher Probleme zu behandeln gestattet*).

Wir führen hier nur die Regeln der *Vektoralgebra* auf, die sich an das Rechnen mit gewöhnlichen, skalaren Größen anlehnen.

Man kann des weiteren auch Differential- und Integralrechnung mit Vektoren betreiben: *Vektoranalysis* (→ Kap. 4.3. und 6.4.).

Einige Rechenregeln der Vektoralgebra finden keine Entsprechung beim Rechnen mit Skalaren. Das hängt damit zusammen, wie die „Verknüpfungen" der betrachteten Größen sich definieren lassen. Vom Rechnen mit Zahlen ist man an die dort gebräuchlichen Verknüpfungen, nämlich Addition und Multiplikation, so gewöhnt, daß man an die Möglichkeit andersartiger Verknüpfungsvorschriften zunächst nicht denkt. Für Vektoren werden, wie das Folgende zeigt, neben der Addition zwei weitere, sehr zweckmäßige Verknüpfungen definiert, die man auch als „Multiplikation" bezeichnet, obwohl sie der Multiplikation von Skalaren nur bedingt entsprechen.

(III) Addition von Vektoren

Seien zwei Vektoren $\vec{a} = (a_x, a_y, a_z)$ und $\vec{b} = (b_x, b_y, b_z)$ gegeben. Man setzt fest: Unter der Summe

$$\vec{a} + \vec{b} = \vec{c}$$

versteht man den Vektor mit den Komponenten

$$\vec{c} = (a_x + b_x, a_y + b_y, a_z + b_z). \qquad [22a]$$

---

*) Der Verallgemeinerung des Vektorbegriffs ist Kap. 11. gewidmet.

Es werden also die einander entsprechenden Komponenten einzeln addiert *).

Um die Summenbildung komponentenfrei zu beschreiben, zeichnet man das als „Kräfteparallelogramm" wohlbekannte Schema Abb. 1.10., in dem man die Summe als Diagonale des Parallelogramms oder einfacher durch Aneinanderketten der Vektoren $\vec{a}$ und $\vec{b}$ findet.

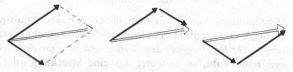

Abb. 1.10. Vektoraddition. Drei gleichwertige Möglichkeiten

Die dazu erforderliche Parallelverschiebung des einen Vektors ist bedeutungslos und daher zulässig; in der benutzten Darstellungsart sollen ja keine *Orts*koordinaten berücksichtigt werden.

Für die Vektoraddition gilt, wie bei Skalaren, das Kommutativgesetz (Vertauschbarkeit: $\vec{a} + \vec{b} = \vec{b} + \vec{a}$).

Die Subtraktion

$$\vec{a} - \vec{b} = \vec{c}$$

ergibt entsprechend:

$$\vec{c} = (a_x - b_x, a_y - b_y, a_z - b_z). \qquad [22b]$$

Sie kann auch als Addition der Vektoren $\vec{a}$ und $(-\vec{b})$ verstanden werden, wo $(-\vec{b})$ der zu $\vec{b}$ entgegengerichtete Vektor gleichen Betrages ist.

In Umkehrung der Addition kann jeder Vektor in beliebige Summanden zerlegt werden:

$$\vec{v} = \vec{a} + \vec{b} + \vec{c} + \dots.$$

Insbesondere läßt sich *immer eine Zerlegung in 3 nicht in einer Ebene liegende (nicht komplanare) Vektoren* finden.

Bei vielen Anwendungen ist aus nicht-mathematischen Gründen vorgegeben, wie eine Zerlegung vorzunehmen ist. Beispielsweise wird man sich bei einer Kraft, die an einem Hebel schräg angreift, für die Zerlegung in 2 Kräfte, und zwar parallel und senkrecht zum Hebel, interessieren.

Anmerkung: Die Addition eines Skalars und eines Vektors ist sinnlos.

---

*) Die Summe kann nur gebildet werden, wenn $\vec{a}$ und $\vec{b}$ Größen von gleicher physikalischer Dimension sind (diese geht dann auch auf $\vec{c}$ über).

(IV) Multiplikation von Skalar und Vektor

Sei a ein Skalar, $\vec{b} = (b_x, b_y, b_z)$ ein Vektor. Man setzt fest: Unter dem Produkt

$$a\vec{b} = \vec{c}$$

versteht man den Vektor mit den Komponenten

$$\vec{c} = (ab_x, ab_y, ab_z). \qquad [23]$$

Da jede Komponente von $\vec{b}$ mit dem gleichen Faktor multipliziert wird, heißt das, komponentenfrei ausgedrückt: *Der Vektor ändert unter Beibehaltung seiner Richtung nur den Betrag, und zwar um den Faktor a.* Ist a eine reine Zahl, so bedeutet das eine Streckung oder Stauchung*). Ist insbesondere $a = -1$, so sieht man, wie schon erwähnt: Es bedeutet $-1\,\vec{b} = -\vec{b}$ den zu $\vec{b}$ entgegengerichteten Vektor gleichen Betrags.

Man kann auch diese Rechnung umkehren in dem Sinn, daß man aus einem gegebenen Vektor einen skalaren Faktor herauszieht. Deshalb läßt sich ein beliebiger Vektor $\vec{v}$ auch so schreiben:

$$\vec{v} = |\vec{v}|\,\vec{e}_v = v\vec{e}_v, \qquad [24]$$

wo nach Herausziehen des Betrages als vektorieller Anteil der *Einheitsvektor* $\vec{e}_v$ zu $\vec{v}$ übrig bleibt. Das ist ein Vektor des Betrages Eins, der die gleiche Richtung wie $\vec{v}$ hat.

Damit und mit den Additionsregeln kommt man zu einer etwas modifizierten Darstellung der Komponenten eines Vektors. Wir haben darunter bisher die *skalaren* Größen v_x, v_y, v_z verstanden. Ebenso gut kann man sagen: $\vec{v}$ ist die Summe aus den drei *vektoriellen* Komponenten $\vec{v}_x, \vec{v}_y, \vec{v}_z$, die in die betreffenden Richtungen weisen und die Beträge v_x etc. haben. Mit Gl. [24] ergäbe das:

$$\vec{v} = v_x\vec{e}_x + v_y\vec{e}_y + v_z\vec{e}_z. \qquad [25a]$$

Hier sind $\vec{e}_x$, $\vec{e}_y$ und $\vec{e}_z$ die drei Einheitsvektoren, die das Bezugssystem aufspannen. Mit anderen Worten: In der Schreibweise Gl. [25a] stehen 3 vektorielle Größen ($\vec{e}_x$ etc.), die das *Bezugssystem* charakterisieren, neben 3 Skalaren (v_x etc.), die den betrachteten *Vektor* charakterisieren.

Um die drei Einheitsvektoren, welche die Basis des Bezugssystems bilden. d. h. seine Achsen*richtungen* festlegen, vor anderen hervorzuheben, pflegt man sie oft mit $\vec{i}, \vec{j}, \vec{k}$ zu bezeichnen. Der Ortsvektor $\vec{r}$, dessen skalare Komponenten x, y und z sind, lautet nach dieser Regelung beispielsweise:

$$\vec{r} = x\vec{i} + y\vec{j} + z\vec{k}. \qquad [25b]$$

---

*) Ist a keine reine Zahl, so hat $\vec{c}$ eine andere physikalische Dimension als $\vec{b}$; für beide Vektoren sind also verschiedene Skalen zuständig, und wegen deren Beliebigkeit ist die Frage nach der „Längenänderung" müßig.

Einheitsvektoren werden als dimensionslos angesehen; die physikalische Dimension der betreffenden Vektorgröße wird den skalaren Faktoren zugerechnet. Wenn etwa $\vec{v}$ eine Geschwindigkeit bedeutet, so ist in Gl. [24] der skalare Betrag v mit einer Geschwindigkeitseinheit (z. B. m/s) anzugeben, ebenso wie die drei skalaren Komponenten in Gl. [25a]. Die skalaren Komponenten x, y und z im speziellen Fall der Gl. [25b] sind hingegen mit Längeneinheiten zu versehen.

(V) Multiplikation von zwei Vektoren

Es gibt zwei verschiedene Arten der „Multiplikation" genannten Verknüpfung von Vektoren. Daß dies den Bedürfnissen der naturwissenschaftlichen Anwendungen besonders entgegenkommt, möge zunächst an einem physikalischen Beispiel skizziert werden. – Wir betrachten dazu zwei vektorielle physikalische Größen, nämlich Kraft $\vec{F}$ und Weg $\vec{s}$. Eine wohlbekannte Verknüpfung beider („Kraft mal Weg") ergibt die Arbeit, das ist ganz offensichtlich eine *skalare* Größe. Eine andere Verknüpfung („Kraft mal Kraftarm") ergibt das Drehmoment, und dieses ist nun *keine* skalare, sondern eine *gerichtete* Größe, und zwar wird das Drehmoment als *„axialer Vektor"* aufgefaßt, der in der (dem Drehmoment zugeordneten) Drehachse liegt. Beide ihrer Natur nach verschiedenen Resultate entstehen aus der Verknüpfung derselben Vektoren! Demgemäß braucht man zwei verschiedene Verknüpfungsvorschriften, die einmal eine skalare, das andere Mal eine vektorielle Größe zum Ergebnis haben. Sie heißen skalare und vektorielle Multiplikation.

Skalares Produkt

Seien 2 Vektoren $\vec{a} = (a_x, a_y, a_z)$ und $\vec{b} = (b_x, b_y, b_z)$ gegeben. Man setzt fest: Unter dem Skalarprodukt (inneren Produkt)

$$\vec{a} \cdot \vec{b} = c$$

(verdeutlicht: $\vec{a}$ Punkt $\vec{b}$) versteht man die skalare Größe

$$c = a_x b_x + a_y b_y + a_z b_z. \qquad [26a]$$

Zur Schreibweise: Man schreibt auch $\vec{a} \cdot \vec{b} = \vec{a}\vec{b} = (\vec{a}, \vec{b})$.

Die Reihenfolge der beiden Vektoren ist dabei offensichtlich vertauschbar, d. h. es gilt für die skalare Multiplikation das Kommutativgesetz: $\vec{a} \cdot \vec{b} = \vec{b} \cdot \vec{a}$.

Um zu einer komponentenfreien Beschreibung zu kommen, nehmen wir der Einfachheit halber an, $\vec{a}$ und $\vec{b}$ lägen in der $x - y$-Ebene. Nach Abb. 1.11. ist

$$a_x = a \cos \alpha; \qquad a_y = a \sin \alpha;$$
$$b_x = b \cos \beta; \qquad b_y = b \sin \beta.$$

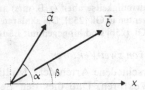

Abb. 1.11. Zwei Vektoren in einer Ebene, Kennzeichnung der Richtungen

Eingesetzt in Gl. [26a] ergibt das:

$$c = ab(\cos\alpha\cos\beta + \sin\alpha\sin\beta),$$

oder wegen des trigonometrischen Additionstheorems, Gl. [88c]:

$$c = ab\cos\sphericalangle\,\vec{a},\vec{b}. \tag{26b}$$

Hier ist mit $\sphericalangle\,\vec{a},\vec{b} = \alpha - \beta$ der Winkel zwischen den beiden Vektoren gemeint, während a und b deren Beträge sind. Alle diese Größen sind ohne Bezug auf Komponenten angebbar.

Bleiben wir noch bei der komponentenfreien Betrachtung von $\vec{a}$ und $\vec{b}$! In Abb. 1.12. möge die Papierebene gerade die durch die beiden Vektoren festgelegte Ebene sein. In ihr können wir jeden der beiden Vektoren in beliebiger Weise in 2 zueinander senkrechte, vektorielle Summanden zerlegen. In der Abb. ist das für den Vektor $\vec{b}$ speziell in der Weise gezeigt, daß er in einen zum zweiten Vektor $\vec{a}$ parallelen und einen dazu senkrechten Anteil zerlegt wird. Man sieht, daß der Betrag des ersteren

$$b_{\parallel} = b\cos\sphericalangle\,\vec{a},\vec{b}$$

ist. Ebenso könnte man natürlich bei einer Zerlegung von $\vec{a}$ mit Rück-

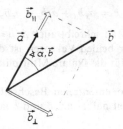

Abb. 1.12. Komponentenzerlegung eines Vektors ($\vec{b}$) in bezug auf einen anderen ($\vec{a}$)

sicht auf $\vec{b}$ argumentieren. Deshalb läßt sich Gl. [26b] auch umschreiben in

$$c = ab_{\parallel} = a_{\parallel}b, \qquad [26c]$$

oder in Worten: *Das Skalarprodukt zweier Vektoren ist das Produkt aus dem Betrag des ersten Vektors und der (skalaren) Komponente des zweiten Vektors in Richtung des ersten.*

Sind beide Vektoren $\vec{a}, \vec{b}$ parallel zueinander, so ist

$$\vec{a} \cdot \vec{b} = ab; \qquad [27a]$$

stehen sie senkrecht aufeinander, so ist

$$\vec{a} \cdot \vec{b} = 0. \qquad [27b]$$

Letzteres gibt die allgemeine *Orthogonalitätsbedingung* für zwei Vektoren. – Das skalare Produkt eines Vektors mit sich selbst gibt immer sein Betragsquadrat:

$$\vec{a} \cdot \vec{a} = a^2. \qquad [28]$$

Wir bemerken noch, daß es nicht zulässig ist (wie bei Skalaren), aus einem Produkt zweier Vektoren einen in den Nenner der anderen Gleichungsseite zu schaffen.

Vektorielles Produkt

Die zweite Verknüpfungsart wird wie folgt definiert: Unter dem Vektorprodukt (äußeren Produkt)

$$\vec{a} \times \vec{b} = \vec{c}$$

(verdeutlicht: $\vec{a}$ Kreuz $\vec{b}$) versteht man den durch folgende Komponenten beschriebenen Vektor:

$$\vec{c} = (a_y b_z - a_z b_y,$$
$$a_z b_x - a_x b_z, \qquad [29]$$
$$a_x b_y - a_y b_x).$$

Als Merkregel ist hilfreich, daß die Indizes immer in „zyklischer Reihenfolge" auftauchen, also immer drei aufeinanderfolgende aus der Reihe x–y–z–x–y, wenn man zuerst nach der Indizierung der c-Komponente fragt.

Man sieht an Gl. [29], daß $\vec{c}$ sein Vorzeichen ändert, wenn man $\vec{a}$ und $\vec{b}$ vertauscht:

$$\vec{a} \times \vec{b} = -(\vec{b} \times \vec{a}); \qquad [30]$$

die vektorielle Multiplikation ist also *nicht kommutativ*.

27

Eine komponentenfreie Beschreibung des Vektorproduktes bekommt man auf dem gleichen Wege wie beim Skalarprodukt. Sie lautet:

(α) Bezüglich der Richtung des Produktvektors: $\vec{c}$ steht senkrecht auf der durch $\vec{a}$ und $\vec{b}$ gebildeten Ebene. Seine Richtung ergibt sich als Schraubungsrichtung, indem man $\vec{a}$ nach $\vec{b}$ (Reihenfolge!) auf kürzestem Wege im Sinne einer Rechtsschraube einschwenkt.

(β) Bezüglich des Betrages des Produktvektors: Es ist

$$c = ab \sin \sphericalangle \vec{a}, \vec{b}, \qquad\qquad [31a]$$

wo wieder $\sphericalangle \vec{a}, \vec{b}$ den Winkel zwischen $\vec{a}$ und $\vec{b}$ und a und b ihre Beträge bedeuten.

Ein Blick auf Abb. 1.12. zeigt, daß

$$b_\perp = b \sin \sphericalangle \vec{a}, \vec{b},$$

und indem man wie beim Skalarprodukt argumentiert. kommt man zu der Schreibweise

$$c = ab_\perp = a_\perp b. \qquad\qquad [31b]$$

Der Betrag des Vektorproduktes zweier Vektoren ist das Produkt aus dem Betrag des ersten Vektors und der Komponente des zweiten Vektors senkrecht zur Richtung des ersten.

Sind beide Vektoren parallel, so ist demnach

$$|\vec{a} \times \vec{b}| = 0: \qquad\qquad [32a]$$

stehen sie senkrecht aufeinander, so ist

$$|\vec{a} \times \vec{b}| = ab. \qquad\qquad [32b]$$

Das Vektorprodukt eines Vektors mit sich selbst ist stets Null.

Wie ein Vergleich zeigt, haben Skalarprodukt und Vektorprodukt in gewisser Hinsicht komplementäre Eigenschaften.

(VI) Einige ergänzende Bemerkungen

Wir haben die Rechenregeln für jeweils zwei beteiligte Größen angegeben; natürlich lassen sie sich sukzessive auch auf mehrere ausdehnen. Dabei gilt beispielsweise – wie auch beim Rechnen mit Skalaren – das Distributivgesetz:

$$\vec{a} \cdot (\vec{b} + \vec{c}) = \vec{a} \cdot \vec{b} + \vec{a} \cdot \vec{c},$$
$$\vec{a} \times (\vec{b} + \vec{c}) = \vec{a} \times \vec{b} + \vec{a} \times \vec{c}.$$

Dabei muß in Vektorprodukten die Reihenfolge der Faktoren beachtet und beibehalten werden!

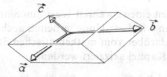

Abb. 1.13. Das von drei beliebigen Vektoren aufgespannte Parallelepiped (Spat)

Unter den vielerlei dreifachen Produkten ist das mit gemischter skalarer und vektorieller Multiplikation interessant: $\vec{a} \cdot (\vec{b} \times \vec{c})$. Es stellt eine *skalare* Größe dar, die bei zyklischer Vertauschung der Faktoren unverändert bleibt:

$$\vec{a} \cdot (\vec{b} \times \vec{c}) = \vec{b} \cdot (\vec{c} \times \vec{a}) = \vec{c} \cdot (\vec{a} \times \vec{b}).$$

Dieses Produkt gibt das Volumen*) des aus $\vec{a}$, $\vec{b}$ und $\vec{c}$ aufgespannten Parallelflächenkörpers wieder und heißt deshalb *Spatprodukt* (Abb. 1.13.). Mit seiner Hilfe kann man eine Bedingung dafür formulieren, daß drei Vektoren $\vec{a}$, $\vec{b}$, $\vec{c}$ in *einer Ebene* liegen; sie lautet

$$\vec{a} \cdot (\vec{b} \times \vec{c}) = 0.$$

Die Klammer im Spatprodukt verdeutlicht, daß man definitionsgemäß nur Vektoren durch das Zeichen „ × " verknüpfen kann. Ein dreifaches Produkt $(\vec{a} \cdot \vec{b}) \times \vec{c}$ wäre daher unsinnig.

1.2. Meßwerte und Meßfehler

Nach den Erörterungen der vergangenen Abschnitte möchte man meinen, daß die mit der Natur der Meßgrößen zusammenhängenden Fragen in ausreichendem Umfange beantwortet seien. Jeder Experimentator aber weiß, daß die Probleme jetzt erst beginnen. Wir erinnern an den Satz, daß Meßgrößen keine mathematischen Zahlen seien, und interpretieren ihn jetzt so: Meßgrößen lassen sich nicht, wie mathematische Zahlen auf der Zahlengeraden, als ausdehnungslose Punkte auf einer Skala einzeichnen. Die Zahlenwerte von *Meßgrößen weisen vielmehr immer Unsicherheiten auf*, die es allenfalls rechtfertigen, sie als mehr oder weniger verwaschene Flecken zu zeichnen. Falls wir den philosophischen Standpunkt einnehmen, die Meßgröße

*) Das Wort „Volumen" im übertragenen Sinne benutzt! Etwas in m³ Meßbares bekommt man natürlich nur, wenn die drei Vektoren *Ortsvektoren* sind.

29

habe in Wirklichkeit einen „wahren Wert" im Sinne einer mathematischen Zahl, können wir diese Unsicherheiten auch als *Meßfehler* apostrophieren. Was darüber vom mathematischen Standpunkt zu sagen ist, soll in diesem Kapitel skizziert werden.

Die Angabe von Meßergebnissen umfaßt korrekterweise immer auch einen Hinweis auf den Unsicherheitsbereich oder das Fehlerintervall. Nach welchen Kriterien man die Fehlergrenzen finden kann, wird im folgenden erörtert, jedoch ist von vornherein klar, daß die Fehlergrenzen ihrerseits unscharf sind und deshalb nicht mit übertriebenen Genauigkeitsansprüchen festgelegt werden können.

Man pflegt die Fehlergrenzen entweder absolut anzugeben, z. B. im Falle einer Konzentration

$$c = (2{,}25 \pm 0{,}02) \text{ mol/l}, \quad \text{allg. } x \pm \Delta x:$$

oder relativ:

$$c = 2{,}25 \text{ mol/l} \pm 1\%, \quad \text{allg. } x \left(1 \pm \frac{\Delta x}{x}\right)^*).$$

Es hat keinen Sinn, im Ergebnis Stellen mit Ziffern aufzuführen, die in Anbetracht der Fehlergrenzen gar nicht mehr angebbar sind; nur die letzte bezifferte Stelle darf unsicher sein. Es würde also die Angabe 2,2500 mol/l einen Fehler in der Größenordnung von 0,01% suggerieren.

Die Meßfehler lassen sich nach ihren Ursachen in zwei Gruppen zusammenfassen: Systematische und statistische Fehler**).

Systematische Fehler ergeben stets ein Abweichung vom wahren Wert in einer bestimmten Richtung. Sie rühren von Kalibrierungsfehlern oder anderen apparativen Mängeln her, sie können durch unbekannte Verunreinigungen verursacht sein oder auch bei der Auswertung entstehen, wenn nur approximativ gültige Beziehungen benutzt werden. In chemischen und physikalischen Messungen sind sie der überwiegende Fehlertyp. Daß wir sie dennoch hier nicht weiter behandeln, liegt daran, daß sie sich mit *mathematischen* Hilfsmitteln nicht kalkulieren lassen. Um sie aufzudecken, braucht man vielmehr *experimentelle* Methoden oder *apparative* Verbesserungen. Im allgemeinen ist man darauf angewiesen, sie auf Grund der Erfahrung *abzuschätzen*. Denn sind systematische Fehler erst einmal bekannt, so liegt es in ihrer Natur, daß sie sich durch Korrekturen völlig eliminieren lassen.

---

*) $\Delta x/x$ ist dimensionslos und als reine Zahl (z. B. 0,01) oder als Prozentzahl (z. B. – wie oben – 1%) anzugeben.

**) Als Meßfehler Δx werden beide Fehlertypen in summa notiert, es sei denn, man zöge eine spezifizierte Angabe vor.

Statistische Fehler sind demgegenüber zufällige Fehler, die durch teils positive, teils negative Abweichungen vom wahren Wert das Meßergebnis streuen lassen und dadurch die *Reproduzierbarkeit* der Messung beeinträchtigen. Im Gegensatz zu den systematischen Fehlern sind sie durch wiederholte Messungen zu entdecken. Mit Hilfe der Theorie der Zufallsereignisse lassen sie sich auch mathematisch erfassen, was im folgenden geschehen soll.

Die statistischen Schwankungen einer Meßgröße können auf unterschiedliche Ursachen zurückgehen, was zwar ihre mathematische Beschreibung nicht berührt, wohl aber die Frage, ob sie überhaupt als ,,Fehler'' anzusprechen sind.

(α) Es gibt zufällige Schwankungen, die der Unvollkommenheit der *Experimente* zuzuschreiben sind: Unbekannte, wenngleich prinzipiell erfaßbare Störungen, wie Erschütterungen oder – in biologischen Experimenten – das Zusammenwirken vieler komplexer Einflüsse.

(β) Daneben gibt es Meßgrößen, die von *Natur* aus statistisch schwanken. Die Emission von Partikeln aus radioaktiven Substanzen beispielsweise ist statistischer Natur. Zählt man etwa die Teilchen pro Sekunde, so ergeben sich jedesmal etwas verschiedene Werte. Unsicherheiten, die auf diese natürliche Statistik physikalischer Meßgrößen zurückgehen, können eigentlich nicht als ,,Fehler'' bezeichnet werden.

Wir wollen in diesem Kapitel zunächst Zufallsfehler im allgemeinen diskutieren, wozu uns die mathematische Wahrscheinlichkeitsrechnung das Handwerkszeug liefert. Weiter werden wir einige Gesichtspunkte der beschreibenden Statistik anführen, die uns schließlich zu beurteilen gestatten, wo die statistisch bedingten Fehlergrenzen einer Meßgröße zu ziehen und wie sie zu interpretieren sind. Als weiteres Ziel fassen wir die Frage ins Auge, auf welche Weise man trotz der Meßunsicherheiten schließlich ,,exakte'' mathematische Beziehungen formulieren kann.

1.2.1. Streuung von Meßwerten durch statistische Einflüsse: Theoretische Betrachtungen

(I) Ein Modell für zufallsbedingte Streuungen

Angenommen, die Meßgröße habe einen ,,wahren'' Wert w, der aber durch eine Reihe zufälliger Störungen verfälscht werde. Für diese Störungen wollen wir ein simples, aber plausibles Modell entwerfen (das naturgemäß nicht alle denkbaren oder vorkommenden Möglichkeiten einschließen kann). Wir unterstellen nämlich, daß alle Störungen – im Modell – nacheinander wirken. Jede soll den Wert der Meßgröße, wie sie ihn gerade vorfindet, um den gleichen Betrag δ verändern, und zwar mit gleicher Wahrscheinlichkeit entweder um δ vergrößern oder verkleinern.

Um zufällige Ereignisse – das sind solche, die eintreten *können*, aber nicht mit gesetzmäßiger Zwangsläufigkeit eintreten *müssen* – überhaupt quantitativ fassen zu können, bleibt nur der Weg, die *Wahrscheinlichkeit* ihres Eintretens anzugeben. Die Wahrscheinlichkeit als Zahl besagt, welcher Bruchteil aller Fälle oder Versuche zu dem Ereignis führt, falls man nur genügend viele (im Grenzfall unendlich viele) Versuche macht. Sie ist also eine Zahl zwischen Null und 1 (oder 100%). Es ist klar, daß stets die Summe der Wahrscheinlichkeiten *aller* möglichen Ereignisse gleich 1 sein muß. Im vorliegenden Fall sind nur 2 Ereignisse möglich, nämlich die Ablenkung um $+\delta$ oder $-\delta$, die voraussetzungsgemäß gleiche Wahrscheinlichkeit, also jedes 0,5, haben sollen.

In einem Schema sei angedeutet, wie sich die Meßgrößen unter dem Einfluß der Störungen entwickelt. In eckigen Klammern ist die Wahrscheinlichkeit angeführt, mit der ein bestimmter Wert erreicht wird.

Keine Störung

$$w$$
$$[1]$$

Einmalige Störung

$$w-\delta \qquad\qquad w+\delta$$
$$[0,5] \qquad\qquad [0,5]$$

Zweimalige Störung

$$(w-\delta)-\delta;\ \underbrace{(w-\delta)+\delta;\ (w+\delta)-\delta};\ (w+\delta)+\delta$$
$$w-2\delta \qquad\qquad w \qquad\qquad\qquad w+2\delta$$
$$[0,25] \qquad\qquad [0,5] \qquad\qquad\qquad [0,25]$$

usw.

Die Wahrscheinlichkeit des Ergebnisses *hintereinander* folgender Störschritte ergibt sich durch Multiplikation der Einzelwahrscheinlichkeiten. Wenn dagegen zwei verschiedene, *nebeneinander* laufende Wege zum gleichen Ergebnis führen, sind die Einzelwahrscheinlichkeiten additiv, wie z. B. beim Wert w nach zweimaliger Störung.

Diese Regeln für das Rechnen mit Wahrscheinlichkeiten gelten allgemein (*Wahrscheinlichkeitsrechnung*). Um ein anderes *Beispiel* einzuschieben: Die Wahrscheinlichkeit, mit einem Würfel bei einem Wurf eine ganz bestimmte Augenzahl, z. B. die Vier, zu werfen, ist 1/6 (= 16,7%).

Bei zwei Würfen nacheinander ergibt sich die Wahrscheinlichkeit einer bestimmten Kombination, z. B. erstens Vier, zweitens Fünf, als Produkt der Einzelwahrscheinlichkeiten. Das ist

$$\frac{1}{6}\cdot\frac{1}{6}=\frac{1}{36}.$$

Würfelt man zugleich mit zwei Würfeln, so ist die Situation nur dann mit dem Nacheinander-Werfen vergleichbar, wenn beide Würfel unterscheidbar sind (etwa ein grüner dem ersten Wurf entspricht, ein roter dem zweiten). Dann ist die Wahrscheinlichkeit, daß z. B. der grüne Vier, der rote Fünf zeigt, wiederum 1/36.

Verlangt man aber in dem Wurf mit zwei Würfeln nur, daß überhaupt Vier und Fünf auftauchen, so führen zu diesem Ergebnis zwei Wege: einmal grün Vier und rot Fünf, zum anderen, umgekehrt, rot Vier und grün Fünf. Folglich ist die Wahrscheinlichkeit durch Addition der vorigen zu bekommen:

$$\frac{1}{36} + \frac{1}{36} = \frac{1}{18}.$$

Diese letztere Situation wäre auch gegeben, wenn man einen Wurf mit zwei schwarzen Würfeln macht, die nicht voneinander unterscheidbar sind. Es ist hier, wie überall in der Statistik, also wichtig zu beachten, ob die betrachteten Objekte – eines vom anderen – unterscheidbar sind oder nicht.

Nach diesem Exkurs kehren wir zu unserem Modell der Meßfehler-Entstehung zurück.

Das Modell gestattet bei weiterer Fortsetzung, die Wahrscheinlichkeit anzugeben, mit der man bei *einmaliger* Messung den wahren Wert oder aber einen anderen, um einen bestimmten Betrag davon abweichenden findet. Wir wollen statt dieser Wahrscheinlichkeit lieber die anschaulichere Zahl N_i der Fälle angeben, die bei *wiederholter* Messung das i-te Ergebnis zeitigen. Man nennt N_i die *absolute Häufigkeit* des Ergebnisses und, wenn N die Gesamtzahl der Messungen ist,

$$P_i = \frac{N_i}{N} \qquad [33]$$

seine *relative Häufigkeit*.

Es liegt im Wesen der Zufallsereignisse, daß die im Experiment beobachtete relative Häufigkeit desto besser mit der Wahrscheinlichkeit eines Ergebnisses übereinstimmt, je größer man die Zahl der Messungen macht (Gesetz der großen Zahl). Bei den folgenden, allgemein-theoretischen Betrachtungen nehmen wir den (nie realisierbaren) *Grenzfall unendlich vieler Messungen* als gegeben an, in dem die relative Häufigkeit gleich der Wahrscheinlichkeit ist.

In Gedankenexperimenten kann man statt dessen mit einer geringeren Zahl von „Messungen" auskommen, wenn man nur dafür sorgt, daß jede Möglichkeit genau entsprechend ihrer Wahrscheinlichkeit Berücksichtigung findet.

Ziel der folgenden Überlegungen ist es, die relative Häufigkeit, mit der ein Meßergebnis vorkommt (oder: mit der es vom wahren Wert abweicht), das ist die *Häufigkeitsverteilung*, an Hand des Modells abzuleiten.

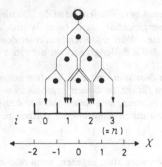

$i = 0 \quad 1 \quad 2 \quad 3$
$(= n)$

$-2 \quad -1 \quad 0 \quad 1 \quad 2 \quad \longrightarrow X$

Abb. 1.14. *Galtonsches Brett* (Zufallsmaschine), schematisch ($n = 3$ Nagel-reihen). Einheit der X-Skala gleich Einheit der i-Skala

Um das Ergebnis auf anschaulichem Wege zu gewinnen, führen wir – in Gedanken – einige Experimente mit dem *Galtonschen Brett* aus. Das ist eine dem obigen Schema folgende Zufallsapparatur, also eine mechanische Realisierung unseres Modells.

Auf dem *Galtonschen Brett* (Abb. 1.14.) sind, ähnlich wie bei Spielgeräten, auf Lücke gesetzte Nagelreihen angebracht. Eine von oben (genau in der Mitte) einlaufende Kugel wird vom ersten Nagel mit gleicher Wahrscheinlichkeit nach rechts oder links abgelenkt, und so fort. In Kästen unter der letzten Nagelreihe werden die Kugeln gesammelt, so daß man die Häufigkeit der Einzelergebnisse anschaulich vor sich hat. Bei n Nagelreihen braucht man $n + 1$ Sammelkästen, die wir mit dem laufenden Index $i = 0, 1, 2 \ldots n$*) numerieren. (Es werden nicht mehr Kästen numeriert, als für die Kugeln erreichbar sind.)

Die Häufigkeitsverteilung pflegt man in graphischer Form als Histogramm (Abb. 1.15.) darzustellen.

Die Häufigkeit, mit der ein bestimmter Kasten des *Galtonschen Bretts* erreicht wird, hängt offensichtlich von der Anzahl verschiedener Wege ab, die zu ihm führen. Nehmen wir vorübergehend an, die Gesamtzahl N der Versuche sei gerade so, daß jeder mögliche Weg genau einmal benutzt werden könnte. Da jede Nagelreihe die Zahl der Wegemöglichkeiten verdoppelt, gibt es nach n Nagelreihen

$$N = 2^n$$

insgesamt mögliche Wege. – Wir fragen nun, wieviele dieser Wege

---

*) Hier hat i nichts mit der imaginären Einheit i oder dem Einheitsvektor $\vec{i}$ zu tun!

34

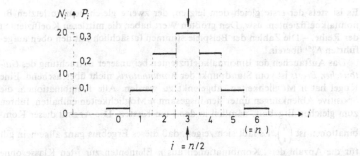

Abb. 1.15. Histogramm einer diskreten Häufigkeitsverteilung. Binomialverteilung (entsprechend einem *Galtonbrett* mit $n = 6$ Nagelreihen)

zu einem bestimmten, dem i-ten Kasten führen und erhalten damit N_i. Aus Abb. 1.14. sieht man:

Hinter der zweiten Nagelreihe ($n = 2$) ist:

$$N_0^{(2)} = 1, \quad N_1^{(2)} = 2, \quad N_2^{(2)} = 1;$$

hinter der dritten Nagelreihe ($n = 3$):

$$N_0^{(3)} = 1 \quad N_1^{(3)} = 3, \quad N_2^{(3)} = 3, \quad N_3^{(3)} = 1.$$

Zur Unterscheidung ist n jeweils als oberer Index beigefügt. Man bemerkt, daß sich die vom binomischen Lehrsatz (dem Ausrechnen des Ausdrucks $(a + b)^n$) her bekannten *Binomialkoeffizienten* ergeben.

Die Binomialkoeffizienten werden durch das Zeichen $\binom{n}{i}$ abgekürzt, welches

$$\binom{n}{i} = \frac{n \cdot (n - 1) \cdot (n - 2) \cdot \ldots (n - i + 1)}{1 \cdot 2 \cdot 3 \cdot \ldots \cdot i} \qquad [34a]$$

bedeutet und „n über i" gelesen wird. Es enthält in der absteigenden Reihe des Zählers und der aufsteigenden des Nenners jeweils i Faktoren. – Ergänzend wird definiert:

$$\binom{n}{0} = 1. \qquad [34b]$$

Wir geben einige *Beispiele*.
Für $n = 2$ ist

$$\binom{n}{0} = 1, \quad \binom{n}{1} = \frac{2}{1} = 2, \quad \binom{n}{2} = \frac{2 \cdot 1}{1 \cdot 2} = 1;$$

für $n = 3$ ist

$$\binom{n}{0} = 1, \quad \binom{n}{1} = \frac{3}{1} = 3, \quad \binom{n}{2} = \frac{3 \cdot 2}{1 \cdot 2} = 3, \quad \binom{n}{3} = \frac{3 \cdot 2 \cdot 1}{1 \cdot 2 \cdot 3} = 1.$$

Es ist stets der erste gleich dem letzten, der zweite gleich dem vorletzten Binomialkoeffizienten, usw. Den größten Wert haben die mittleren Koeffizienten der Reihe. – Die Zahlen der Beispiele stimmen tatsächlich mit den oben aufgeführten $N_i^{(n)}$ überein!

Das Auftauchen der Binomialkoeffizienten bei unserer Betrachtung des *Galtonschen Bretts* ist vom Standpunkt der *Kombinatorik* nicht überraschend. Eine Kugel hat n Möglichkeiten, abgelenkt zu werden. Alle Kombinationen, die i positive Ablenkungen unter den insgesamt n Möglichkeiten enthalten, führen zum gleichen Ergebnis, nämlich in den i-ten Kasten. Die Anzahl dieser Kombinationen ist $\binom{n}{i}$. Es läßt sich zeigen, daß dieses Ergebnis ganz allgemein gilt für die Anzahl der „Kombinationen aus n Elementen zur i-ten Klasse ohne Wiederholung". Damit meint man die Anordnungen von je i verschiedenen „Elementen" (irgendwelchen Objekten, Zeichen etc.) aus einem Vorrat von n Elementen, ohne dabei ihre Reihenfolge in Betracht zu ziehen.

In der Kombinatorik treten Produkte wie in Zähler und Nenner von Gl. [34a] oft auf und werden deshalb mit einer speziellen Abkürzung versehen:

$$1 \cdot 2 \cdot 3 \cdot 4 \ldots \cdot n = n!$$

(n Fakultät). Diese Zahl hat eine eigene Bedeutung: Hat man n verschiedene Elemente, so gibt es $n!$ Möglichkeiten, sie alle in jeweils verschiedener Reihenfolge aufzulisten (man sagt: $n!$ ist die Anzahl der Permutationen). *Beispiel:* Die Elemente x, y und z können in folgenden Reihungen hingeschrieben werden:

$$\begin{array}{ccc} x\,y\,z & y\,x\,z & z\,x\,y \\ x\,z\,y & y\,z\,x & z\,y\,x. \end{array}$$

Es ist $n = 3$, und die Anzahl der Permutationen tatsächlich $n! = 6$. – Mit wachsendem n wird die Fakultät $n!$ rasch sehr groß (so ist $10! = 3\,628\,800$); sie ist dann einfacher durch Näherungsformeln als durch Ausführung der Multiplikation zu berechnen; $\rightarrow$ Gl. [233]*).

Wir formulieren nun das Ergebnis des Versuchs mit dem *Galtonbrett*: Nach $N = 2^n$ Versuchen erwarten wir im i-ten Kasten die absolute Häufigkeit

$$N_i = \binom{n}{i}$$

und somit die relative Häufigkeit

$$P_i = \frac{\binom{n}{i}}{2^n}. \tag{35}$$

---

*) Auf die Näherungsformeln ist man beispielsweise in der statistischen Thermodynamik angewiesen, wo man es mit sehr vielen Molekülen, $n \approx 10^{23}$, zu tun hat.

Diese *Binomialverteilung* hat ihr Maximum bei $i = \dfrac{n}{2}$, was dem wahren Wert entspricht, und zeigt ein zu diesem symmetrisches Bild (Abb. 1.15.).

In Gl. [35] ist n ein fest vorgegebener Wert, dagegen ist i als durchlaufende Kasten-Nummer eine *Variable*, welche im Histogramm die waagerechte Achse vorstellt.

Wir können jetzt von den Modellbetrachtungen wieder abgehen und als Résumé folgenden Satz festhalten:

Falls ein wahrer Wert existiert und die Messung durch (im Sinne unseres Modells: in gleichweiten *Schritten* wirkende) *statistische Einflüsse gestört wird, so streuen die einzelnen Meßwerte um den wahren Wert in Form einer Binomialverteilung.*

Die Forderung, daß ein wahrer Wert existiere, schließt gewisse Experimente, wie z. B. das Würfeln, aus. In diesem Fall bekäme man gewiß keine Binomialverteilung, sondern eine *Gleichverteilung*, bei der alle Augenzahlen von 1 bis 6 gleich häufig auftreten.

(II) Diskrete und kontinuierliche Variable

Das vorstehende Modell mit seiner festen Schrittweite der Störeinflüsse läßt nur bestimmte, in gleichen Abständen liegende Meßwerte zu, was sich darin ausdrückt, daß die Variable i (die Kastennummer des *Galton-Bretts*) immer eine ganze Zahl ist. Allgemeiner gesagt: Die Variable ist nur *diskreter* Werte fähig, und wir erhalten eine *diskrete Häufigkeitsverteilung* mit einem *Histogramm* als graphischer Darstellung.

In der Praxis führt man diese Situation durch *Klassierung* der Meßergebnisse herbei, indem man alle, die in einem gewissen Intervall liegen, zusammenfaßt (z. B. die Ergebnisse von Wägungen in 10 mg-Intervalle einteilt: 2,00 … 2,01 g, 2,01 … 2,02 g etc.). – Manche elektronischen Meßgeräte klassieren die Meßgröße automatisch und zeigen ihre diskrete Häufigkeitsverteilung auf einem Bildschirm. Hier spricht man auch von einer Einteilung in *Kanäle*.

Im allgemeinen fällt jedoch eine kontinuierlich variable Meßgröße an. Die einfache Ablesung z. B. eines Thermometers kann beliebige, nicht nur diskrete Werte ergeben.

Wenn die Meßgröße *kontinuierlich variabel* ist, bedarf der Begriff der Häufigkeit einer angepaßten Interpretation. Man denkt sich den Bereich der Variablen x in kleine Intervalle Δx zerlegt, also sozusagen in verschmälerte Kästen an Stelle der ursprünglichen, die (infolge der ganzzahligen i) die Breite 1 hatten. Mit $\Delta N(x)$ sei die Anzahl der Fälle in demjenigen Intervall bezeichnet, dessen Zentrum bei x liegt (im

„x-ten Kasten"). Statt durch Gl. [33] ist die *relative Häufigkeit* jetzt gegeben durch

$$P(x) = \frac{1}{N} \frac{\Delta N(x)}{\Delta x}, \qquad [36a]$$

wo N nach wie vor die Gesamtzahl der Fälle ist. Die frühere Gl. [33] ist nichts anderes als ein Spezialfall der jetzigen, nämlich für Intervalle der Breite $\Delta x = 1$ *).

Die anschauliche Bedeutung von $P(x)$ bleibt also unberührt: Es ist die relative Häufigkeit, die man in einem Intervall der Breite 1 fände, wenn man ein solches aus lauter Intervallen wie dem betrachteten zusammensetzte.

Der Übergang zur kontinuierlichen Variablen wird endgültig vollzogen, wenn man die Intervallbreite gegen Null schrumpfen läßt: $\Delta x \to 0$. Dabei geht ($\to$ Kap. 3.1.1.) der Differenzenquotient $\Delta N(x)/\Delta x$ in den Differentialquotienten über, und es ergibt sich

$$P(x) = \frac{1}{N} \frac{dN(x)}{dx}. \qquad [36b]$$

Im graphischen Bild werden mit abnehmender Kastenbreite die Säulen des Histogramms schmaler und seine Stufen feiner. Im Grenzfall unendlich schmaler Intervalle ist die dann *kontinuierliche* Verteilung durch eine *Funktion* $P(x)$, eine glatte Kurve als Einhüllende des ursprünglichen Histogramms, darzustellen.

(III) Der Übergang von der Binomialverteilung zur Normalverteilung

Wir wenden uns nun der Frage zu, welche Verteilungsfunktion aus der diskreten Binomialverteilung entsteht, wenn man zu einer kontinuierlichen Variablen übergeht. Dazu bedienen wir uns wieder des *Galtonschen Bretts* als anschaulichem Hilfsmittel.

Es ist ohne weiteres einzusehen, daß man das *Galtonbrett* mit sehr vielen – im Grenzfall unendlich vielen – Nagelreihen bestücken muß, um mit dementsprechend sehr vielen Sammelkästen eine kontinuier-

---

*) Wenn man von den Modellbetrachtungen abgeht und x als konkrete Meßgröße auffaßt, sieht man: Im Gegensatz zum früher definierten P_i ist das jetzige $P(x)$ keine dimensionslose Größe, sondern hat die Dimension von $1/x$. Deshalb spricht man genauer von einer *Dichte* der relativen Häufigkeit. Aus ihr ergibt sich die relative Häufigkeit (im engeren Sinne, d. h. als reine Zahl zwischen Null und Eins) erst nach Multiplikation mit der Intervallbreite Δx. – Dementsprechend gibt es für kontinuierliche Variable auch den Begriff der Wahrscheinlichkeits*dichte*.

liche Variable nachzubilden. Diese Vermehrung der Nagelreihen dürfen wir uns allerdings nicht nach Belieben ausgeführt denken. Das hängt mit dem – mit Handwerkszeug ja gar nicht realisierbaren – Grenzübergang zu unendlich vielen Nagelreihen zusammen, der mit einiger mathematischer Vorsicht betrieben werden muß, damit das Ergebnis nicht etwa sinnlos wird.

Daß mit mathematischen Grenzübergängen zugleich die Grenzen des Anschauungsvermögens überschritten werden, ist bereits am Beispiel der Zahlenfolge in Kap. 1.1.1. deutlich geworden.

In einem ersten Schritt betrachten wir die Binomialverteilung für große Zahlen n. Die Binomialkoeffizienten in Gl. [35] sind dann sehr mühselig zu berechnen. Hier hilft ein Näherungsausdruck, der desto zutreffender ist, je größer n ist. Es gilt nämlich – als asymptotische Darstellung von Gl. [35] für $n \to \infty$ – der *zentrale Grenzwertsatz*:

$$P_i = \frac{1}{\sqrt{\pi n/2}}\, e^{-\frac{(i-\frac{n}{2})^2}{n/2}} \; *). \tag{37}$$

Praktisch ist Gl. [37] schon für $n > 10$ eine recht brauchbare Näherung. Dazu ein *Beispiel*. (Die angegebenen Zahlen sind absolute Häufigkeiten, also noch nicht durch 2^n dividiert.) – Sei $n = 12$, also $2^n = 4096$.

Gl. [35] ergäbe:

| 1 | 12 | 66 | 220 | 495 | 792 | 924 | usw. |

Gl. [37] ergäbe: (Mitte)

| 2 | 15 | 65 | 211 | 484 | 798 | 946 | usw. |

In einem zweiten Schritt wird nun zu einer kontinuierlichen Variablen übergegangen. Dazu denken wir uns ein *Galtonbrett* mit bereits so großer Zahl n, daß Gl. [37] verwendet werden kann. Die Kastenbreite dieses Brettes soll als Einheit für die Skala der künftigen kontinuierlichen Variablen dienen.

Zwischen die vorhandenen n Nagelreihen werden nun weitere eingefügt, wie es Abb. 1.16. zeigt, so daß die Gesamtzahl der Reihen auf vn steigt. Der Grenzübergang soll ausgeführt werden, indem wir n festhalten, aber $v \to \infty$ gehen lassen.

---

*) Die als Basis dienende Zahl e ist in Gl. [3] zu finden. Übrigens ist die vorstehende Gl. [37] nicht so kompliziert, wie sie aussieht. Jeder mittlere Taschenrechner bietet die Exponentialfunktion an, keineswegs aber Binomialkoeffizienten. Näheres zur Exponentialfunktion → Kap. 2.2.3.

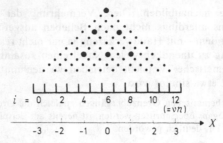

Abb. 1.16. *Galtonsches Brett*, gegenüber Abb. 1.14. vergrößert (Reihenzahl vervierfacht: $n = 3$, $v = 4$). Einheit der X-Skala um $\sqrt{v} = 2$ größer als Einheit der i-Skala

Probeweise werde bei diesem Verfahren der Abstand der Nägel innerhalb der Reihen, und damit auch die Breite der Sammelkästen, in gleichem Maße reduziert wie der Reihenabstand, also um $1/v$. Die ursprüngliche Breite *eines* Kastens nehmen dann v Kästen ein.

Der mittlere Kasten, in den ja die meisten Kugeln kommen, wird ursprünglich gemäß Gl. [37] (wo $i = n/2$ zu setzen ist) mit der relativen Häufigkeit

$$\frac{1}{\sqrt{\pi n/2}}$$

erreicht. Nach Verschmälerung der Kästen ergibt sich, bezogen auf die gleiche Breite, überschlägig gerechnet die relative Häufigkeit

$$v \cdot \frac{1}{\sqrt{\pi v n/2}} = \frac{1}{\sqrt{\pi n/2}} \cdot \sqrt{v}$$

Beim Grenzübergang $v \to \infty$ führt das wegen des Ansteigens mit $\sqrt{v}$ zu einer unendlichen Häufigkeit, einem offenbar unsinnigen Ergebnis!

Die Situation läßt sich aber retten. Man muß nur Vorsicht walten lassen und darf den Abstand der Nägel nicht in dem eben unterstellten Maße verringern, sondern nur um $1/\sqrt{v}$. Man vermeidet dadurch das Ansteigen der relativen Häufigkeit beim Grenzübergang, so daß dieser sinnvoll wird. Allerdings dehnt sich infolge dieses Verfahrens das *Galtonbrett* an seiner Basis proportional $\sqrt{v}$ aus, wie es in Abb. 1.16. auch angedeutet ist.

Die kontinuierliche Variable läßt sich jetzt leicht einführen. Wir legen ihren Nullpunkt zweckmäßigerweise unter das Maximum der Verteilung (wo $i = vn/2$ ist). Wie vorausgesetzt, wird als Skaleneinheit die Kastenbreite des Brettes mit n Reihen beibehalten. Unter Berücksichtigung der Basisdehnung beim Übergang auf vn Reihen lautet die Variable (vgl. Abb. 1.16.):

40

$$X = \frac{i - \dfrac{vn}{2}}{\sqrt{v}}.$$

Weiter ist noch die relative Häufigkeit aus der i- in die X-Skala umzurechnen. Jene ist unveränderlich, während in der X-Skala das Einheitsintervall (auf welches die Häufigkeitsangabe Bezug nimmt) mit wachsendem $\sqrt{v}$ schrumpft. Daher ist

$$P(X) = \sqrt{v}\, P_i.$$

Schließlich sei noch zur Abkürzung

$$\sigma = \frac{\sqrt{n}}{2}$$

gesetzt. (Diese Zahl bleibt vom Grenzübergang $v \to \infty$ unberührt!) Schreibt man nun in Gl. [37] überall vn statt n und führt die drei obigen Ausdrücke ein, so ergibt sich

$$P(X) = \frac{1}{\sqrt{2\pi} \cdot \sigma}\, e^{-\frac{X^2}{2\sigma^2}}. \qquad [38]$$

Darin ist v nicht enthalten. Folglich braucht man den Grenzübergang $v \to \infty$ gar nicht mehr explizit auszuführen; die Gleichung stellt bereits sein Ergebnis dar. Wir haben in ihr die wichtige *Normalverteilung* vor uns, die – unter den gleichen allgemeinen Voraussetzungen wie die Binomialverteilung – für kontinuierliche Variable gilt.

(IV) Eigenschaften der Normalverteilung

Die Normalverteilung zeigt ein symmetrisches Funktionsbild, die *Gaußsche Glockenkurve*. Ihre Form wird im einzelnen durch den einen Parameter σ völlig bestimmt. Da die Variable X nur in der Kombination X/σ vorkommt, hat σ die Bedeutung eines Breitenmaßes für die Glockenkurve: Wo sie auf $e^{-1/2} \approx 0{,}6$ (d. h. 60 % ihres Maximalwertes) abgefallen ist, liegen die Stellen $X = \pm \sigma$. Das Kurvenmaximum (bei $X = 0$) hat die durch den Vorfaktor bestimmte Höhe, wo σ im Nenner steht. Daher wird mit zunehmendem σ die Kurve zwar breiter, aber auch niedriger, so daß die Fläche unter ihr konstant bleibt. Diese Fläche ist $= 1$, weil sie nichts anderes darstellt als die Zusammenfassung der relativen Häufigkeiten aller überhaupt möglichen Ergebnisse *).

---

*) Gemäß der Fußnote zu Gl. [36a] ergibt sich als „Fläche" immer eine dimensionslose Zahl, gleichgültig, was für eine Dimension die Meßgröße x hat!

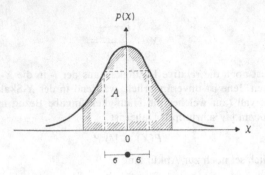

Abb. 1.17. Verteilungsfunktion: Normalverteilung einer kontinuierlich variablen Größe (A: Flächenausschnitt, symmetrisch)

Für viele Anwendungen interessiert man sich für einen symmetrischen Ausschnitt der Fläche zwischen zwei Grenzen, der in Abb. 1.17. mit A bezeichnet ist. Er gibt die relative Häufigkeit an, mit der ein Ergebnis *innerhalb der gesetzten Grenzen* gefunden wird, ohne näher in Betracht zu ziehen, an welcher Stelle des Intervalls. Einige ausgewählte Werte für A enthält die Tab. 1.1. *). Als Faustregel kann man sich merken: Das $\pm 2\sigma$-Intervall erfaßt etwa 95% aller Fälle. In den Ausläufern der Glockenkurve ist also nur noch recht wenig verborgen.

Tab. 1.1. Relative Häufigkeit A, mit der eine normalverteilte Größe zwischen den Grenzen $-X \ldots +X$ gefunden wird

$\pm \dfrac{X}{\sigma}$	A
0	0
0,2	0,159
0,4	0,311
0,6	0,451
0,8	0,576
1	0,683
2	0,955
3	0,997
∞	1

*) Näheres dazu → Kap. 5.3.

*(V) Zur statistischen Streuung von Meßwerten nach der Normal-
verteilung*

Fassen wir zusammen: Unter gewissen, in der Praxis des öfteren wenigstens annähernd erfüllten Voraussetzungen erwarten wir, daß die einzelnen, *kontinuierlich* variablen Meßwerte x infolge vieler unabhängiger *Zufalls*störeinflüsse in Form einer *Normalverteilung* streuen. Ihr Zentrum liegt beim wahren Wert w. Um diesen zu philosophischen Diskussionen einladenden Begriff zu vermeiden, spricht man lieber vom *Erwartungswert* μ und setzt

$$\mu = w.$$

Die in Gl. [38] benutzte Variable X ist die Abweichung des Meßwertes x vom Erwartungswert μ:

$$X = x - \mu.$$

Die Breite der Normalverteilung ist durch den Parameter σ bestimmt, der deshalb als *Standardabweichung* bezeichnet wird. Das Quadrat davon, σ^2, nennt man *Varianz*. Da die Verteilung auf *experimentellem* Wege nur nach einer sehr großen Zahl von Messungen gefunden werden könnte, ist die Standardabweichung als eine abstrahierende Kenngröße der benutzten Meß*methode* und der ihr eigenen Zufallsfehler anzusehen.

Durch die Angabe von Erwartungswert μ und Standardabweichung σ (oder Varianz σ^2) ist eine normalverteilte Größe vollständig charakterisiert.

Um die Bedeutung der beiden Bestimmungsgrößen auf eine mehr mechanische Weise zu veranschaulichen, denken wir uns die Meßpunkte materiell auf der Zahlengeraden angebracht, diese also mit einer Substanz der Massendichte $P(x)$ belegt (Abb. 2.5.). Der Schwerpunkt dieser „Stange" ist der Erwartungswert; ihr Trägheitsmoment bei Drehung um den Schwerpunkt ist der Varianz proportional.

(VI) Die Varianz im Falle mehrerer unabhängiger Störprozesse

Die Varianz ist eine additive Größe. Wirken verschiedene, voneinander *unabhängige* statistische Störungen auf die Meßgröße ein, so ist die resultierende Varianz

$$\sigma^2 = \sigma_1^2 + \sigma_2^2 + \dots . \qquad [39]$$

Diese Beziehung ist zumindest qualitativ nach unserem Modell der Fehlerentstehung verständlich. In ihm sind ja die Störeinflüsse in aufeinanderfolgende Schritte geordnet, und deshalb können wir zwei voneinander unabhängige Störmechanismen als nacheinander wirkend darstellen, auch wenn sie realiter untrennbar miteinander verwoben sein sollten. In Abb. 1.18. ist zunächst eine

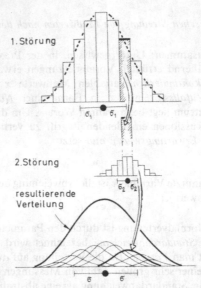

Abb. 1.18. Schema des Zusammenwirkens zweier statistischer Störeinflüsse. Normalverteilung, resultierend aus lauter Normalverteilungen

Verteilung gezeigt, die durch den ersten Störmechanismus erzeugt wird und durch σ_1 zu charakterisieren ist. Alle Meßergebnisse eines „Kanals" werden nun durch den zweiten Mechanismus weiter verstreut. Bildlich: Die herausgezeichnete Säule sinkt unter Verbreiterung zu einer Verteilung zusammen, die durch σ_2 charakterisiert ist. Das gleiche geschieht mit den Meßwerten aller Kanäle. Es resultiert, wie der untere Teil von Abb. 1.18. andeutet, eine große Zahl einander überlappender Normalverteilungen, deren Höhen normalverteilt sind. Ihre Summation ergibt die Endverteilung, wie sie durch das Zusammenwirken der beiden Störeinflüsse zustandekommt.

Es gilt nun der Satz: Eine Normalverteilung aus lauter Normalverteilungen ergibt im Endeffekt wieder eine Normalverteilung, deren Varianz sich gemäß Gl. [39] additiv zusammensetzt*). Bemerkenswert ist, daß die Form der Verteilungsfunktion auch unter der Wirkung mehrerer Störeinflüsse unverändert bleibt („Gauß bleibt Gauß"). Das ist eine Besonderheit der Normalverteilung, die mitnichten für jede beliebige Verteilungsfunktion gilt. Sie garantiert, daß die Ergebnisse unseres so simplen Modells der Fehlerentstehung doch auch ohne Bedenken auf realistischere Situationen angewandt werden können.

---

*) Für einen regelrechten Beweis benötigt man die Integralrechnung, weil (was in Abb. 1.18. gar nicht darstellbar ist) mit infinitesimal schmalen Kanälen zu rechnen ist und demgemäß unendlich viele Kurven überlagert werden müssen.

Die additive Eigenschaft der Varianz ist hilfreich, wenn man verschiedene Fehlerquellen einer Messung aufzuspüren und getrennt zu beurteilen sucht.

Bei der Röntgenfluoreszenzanalyse beispielsweise entstehen statistische Fehler einerseits durch Probenpräparation, apparative und andere *experimentelle* Unsicherheiten, andererseits durch die *natürliche* Statistik beim Strahlungsnachweis. Mathematisch ist zwischen beiden kein Unterschied; ihre Varianzen addieren sich im Ergebnis.

1.2.2. Streuung von Meßwerten durch statistische Einflüsse: Praktische Handhabung

(I) Eine Vorbemerkung über Mittelwerte

Folgendes Problem aus dem Alltag sei hier eingeschoben: Man kennt, angenommen, den relativen Anteil der Erwerbstätigen, die zu einer bestimmten Einkommensgruppe gehören. Man kennt weiter – ganz vereinfacht – die Steuerbelastung jeder Gruppe. Wie groß ist die mittlere Steuerbelastung?

Wir formulieren das Problem so: N sei die Gesamtzahl der Personen, N_i die Zahl in der i-ten Einkommensgruppe, f_i ihre Steuer. Der gesuchte Mittelwert (arithmetisches Mittel) sei mit $\bar{f}$ bezeichnet; er ist

$$\bar{f} = \frac{f_1 N_1 + f_2 N_2 + \ldots f_n N_n}{N}$$ [40a]

oder wegen $N_i/N = P_i$

$$\bar{f} = f_1 P_1 + f_2 P_2 + \ldots f_n P_n,$$

wenn es n Gruppen gibt. Zur Abkürzung führen wir das Summenzeichen ein:

$$f_1 P_1 + f_2 P_2 + \ldots f_n P_n = \sum_{i=1}^{n} f_i P_i ;$$

also ist der Mittelwert von f:

$$\bar{f} = \sum_{i=1}^{n} f_i P_i .$$ [40b]

Diese Beziehung gilt natürlich allgemein für eine Größe f_i, die von einem Parameter i abhängt, wobei man die relative Häufigkeit des i-ten Falles (P_i) als bekannt anzunehmen hat.

Bei einer kontinuierlichen Variablen, also einer Verteilungsfunktion $P(x)$, geht das Summenzeichen in ein Integral über ($\rightarrow$ Kap. 5.1.2.) und man erhält

$$\bar{f} = \int_{-\infty}^{\infty} f(x) P(x) \, dx$$ [40c]

als Mittelwert von $f(x)$.

(II) *Mittelwerte beim Vorliegen einer Normalverteilung und ihre*
  Beziehung zu den Verteilungsparametern

Es möge die in Gl. [40c] ganz allgemein gelassene Verteilungsfunktion $P(x)$ jetzt die *Normalverteilung* nach Gl. [38] sein. Demgemäß benutzen wir, wie dort, als Variable die Größe X; sie bedeutet,
wie erinnerlich, die Abweichung vom Erwartungswert, $X = x - \mu$. Mit
Hilfe von Gl. [40c] wollen wir zwei Mittelwerte berechnen, die bei statistischen Fehlerbetrachtungen wichtig sind.

Zunächst fragen wir nach dem Mittelwert der Meßgröße X selbst.
Dazu setzt man $f(X) = X$ und findet

$$\bar{X} = 0,$$

oder, anders ausgedrückt,

$$\bar{x} = \mu. \tag{41}$$

Es ist also *beim Vorliegen einer Normalverteilung der* (arithmetische)
Mittelwert $\bar{x}$ der Meßgröße gleich dem Erwartungswert μ. Daher werden beide Begriffe auch synonym gebraucht.

Als weiteres setzen wir $f(X) = X^2$. Die Ausrechnung des Integrals
von Gl. [40c] ergibt das Mittel all dieser quadrierten Abweichungen
vom Erwartungswert, das sog. mittlere Fehlerquadrat (Abweichungs-
quadrat) $\overline{X^2}$ *). Das Resultat ist:

$$\overline{X^2} = \sigma^2. \tag{42}$$

Wie sich zeigt, ist *beim Vorliegen einer Normalverteilung das mittlere
Fehlerquadrat gleich der Varianz.*

Die beiden Gl. [41] und [42] verknüpfen empirisch feststellbare
Größen (auf den linken Gleichungsseiten) mit den beiden charakteristischen Parametern μ und σ^2 der Normalverteilung. Auf Grund dessen wird es überhaupt erst möglich, experimentelle Ergebnisse mit
Bezug auf die Normalverteilung zu diskutieren.

(III) *Mehrfache Messung als Stichprobe; Formulierung des Meß-*
  ergebnisses mit Hilfe der empirischen Parameter

Die Normalverteilung wurde unter der ausdrücklichen Annahme
sehr vieler (unendlich vieler) Messungen abgeleitet. Diesen theoretischen Standpunkt müssen wir nun verlassen und, wie es in der Praxis
nicht anders möglich ist, mit einer endlichen Anzahl N von Messungen rechnen.

---

*) Die Schreibweise heißt: *Erst* wird quadriert, *dann* gemittelt. Die umgekehrte Reihenfolge würde $(\bar{X})^2$ geschrieben.

Aus der unendlichen Fülle möglicher Meßergebnisse stellen die N konkreten Werte eine zufällige Auswahl dar. Man gebraucht dafür in der Statistik den Begriff „Stichprobe", wenn auch, wie in diesem Falle, in mehr bildhaftem Sinne. Denn der Vorrat, dem die Probe entnommen wird (die „Grundgesamtheit"), besteht ja nicht aus realen Objekten, sondern nur aus der vorgestellten Menge aller überhaupt denkbaren Wiederholungen eines Meßvorganges.

Über die Stichprobe – die aus aus N Werten bestehende Meßreihe – machen wir folgende grundsätzliche Annahme: Die statistischen Störungen entsprechen dem zur Normalverteilung führenden Modell, so daß *bei einer Vermehrung der Zahl der Messungen sich schließlich die Normalverteilung einstellen würde*. (Mit anderen Worten: Die Grundgesamtheit wird als normalverteilt angenommen.) Es liegt in der Natur einer Stichprobe, daß sie nur ein ungefähres Bild der Normalverteilung gegeben wird. Zwei nacheinander genommene Stichproben werden nicht übereinstimmen, es sei denn, jede umfaßt sehr viele Messungen.

Das Verhältnis zwischen Stichprobe und der sehr viele Meßwerte umfassenden Grundgesamtheit, der sie entstammt, kann man in zwei Richtungen sehen. Die Theorie, wie wir sie bisher betrachtet haben, liefert die Eigenschaften der Grundgesamtheit (Normalverteilung) und gestattet von daher, Schlüsse auf die Eigenschaften einer Stichprobe zu ziehen. Die Praxis hat nur eine Stichprobe zur Verfügung und möchte, umgekehrt, von ihr auf die Eigenschaften der Grundgesamtheit schließen.

Wie kann man aus einer Stichprobe auf die Eigenschaften der zugrundeliegenden Normalverteilung, also auf μ und σ^2, schließen? Im Grenzfall einer sehr großen Zahl N von Messungen würden die Gl. [41] und [42] exakt gelten. Das gibt uns die Rechtfertigung, bei einer Stichprobe $\bar{x}$ und $\overline{X^2}$ als *empirische Parameter* zu berechnen und sie als *Schätzwerte* für μ und σ^2 anzusehen. Man bekommt also aus der Stichprobe zunächst

$$\bar{x} = \frac{x_1 + x_2 + \ldots x_N}{N}, \qquad [43]$$

den *empirischen Mittelwert* (Erwartungswert). Mit seiner Hilfe berechnet man weiter gemäß Gl. [42] die *empirische Varianz*, welche meist mit s^2 abgekürzt wird:

$$s^2 = \overline{X^2} = \frac{(x_1 - \bar{x})^2 + (x_2 - \bar{x})^2 + \ldots (x_N - \bar{x})^2}{N} \qquad [44]$$

Die Wurzel aus der Varianz ergibt die *empirische Standardabweichung* s*).

Eine nähere Betrachtung zeigt, daß man s^2 etwas größer als $\overline{X^2}$ schätzen muß. Genauer sind deshalb an Stelle von Gl. [44] zwei Gleichungen zu schreiben: Eine für $\overline{X^2}$ mit der unveränderten rechten Seite, und eine für s^2, bei der auf der rechten Seite im Nenner statt N die Zahl der sog. Freiheitsgrade, $f = N - 1$, steht ($\rightarrow$ Kap. 1.3.1.). Dieser Unterschied fällt aber nur bei kleinen N ins Gewicht.

Die Standardabweichung kennzeichnet, wie erwähnt, die Grundgesamtheit und damit, vom Standpunkt der Messung betrachtet, die benutzte *Methode* und ihre Fehlerquellen. Über eine konkrete, eben nur N Werte umfassende Stichprobe (Meßreihe) und ihre Fehler ist damit noch wenig gesagt. Eine als Fehlerangabe geeignete Maßzahl ist aber das Ziel unserer Überlegungen. Um sie zu finden, fügen wir noch einmal eine theoretische Betrachtung ein.

Ausgehend von einer *Normalverteilung*, denken wir uns ohne jede Systematik, also rein zufällig, eine Reihe von Stichproben genommen, die je N Werte umfassen. Für jede Stichprobe berechnen wir den Mittelwert $\bar{x}_i$. Natürlich sind die einzelnen $\bar{x}_i$ weder untereinander gleich, noch stimmen sie mit μ überein – vielmehr streuen sie auch ihrerseits in statistischer Weise. Indem man sehr viele solcher Stichproben vornimmt, kann man die von den *Mittelwerten* gebildete Verteilungsfunktion untersuchen. Sie hat folgende bemerkenswerte Eigenschaften: (α) Es handelt sich wieder um eine Normalverteilung; (β) ihr Erwartungswert ist der gleiche wie in der Grundgesamtheit; (γ) ihre Breite, gekennzeichnet durch die Standardabweichung der Mittelwerte, $\sigma_{\bar{x}}$, ist geringer als die der ursprünglichen Verteilung, und zwar ist

$$\sigma_{\bar{x}} = \frac{\sigma}{\sqrt{N}}.$$ [45a]

Die *Verteilung der Mittelwerte* wird um so schmaler, je umfänglicher die Stichproben sind. Das ist qualitativ einleuchtend. Denn je umfänglicher die Stichprobe, desto ähnlicher wird sie der Grundgesamtheit, desto näher wird also $\bar{x}_i$ bei μ liegen. Werden aber die Unterschiede zwischen beiden geringer, so heißt das $\sigma_{\bar{x}} \rightarrow 0$. Daß $\sigma_{\bar{x}}$, quantitativ gesehen, mit $\sqrt{N}$ (nicht etwa mit N) abnimmt, hängt ursächlich mit der Additivität der Varianzen, Gl. [39], zusammen.

Um Mißverständnissen vorzubeugen, geben wir noch einmal eine Erklärung der beiden Verteilungsfunktionen, wie sie in Abb. 1.19. dargestellt sind:

die durch σ charakterisierte Kurve gibt die Wahrscheinlichkeit an, bei einer *einmaligen* Messung einen bestimmten *Einzelwert* zu erhalten;

die durch $\sigma_{\bar{x}}$ charakterisierte Kurve gibt die Wahrscheinlichkeit an, mit einer

---

*) Manchmal wird die empirische Varianz s^2 schlechthin „Streuung" genannt; manchmal ist mit dieser Bezeichnung aber auch die empirische Standardabweichung, also s, gemeint. Als Streuungsmaße sind neben s^2 und s noch andere, einfacher auszurechnende Größen im Gebrauch, z. B. die „Spannweite" R, $\rightarrow$ Kap. 1.3.2.III.

einmalig genommenen *Stichprobe* einen bestimmten Stichproben*mittelwert* zu finden.

Letzteres entspricht gerade der experimentell auftretenden Situation. Man hat eine Stichprobe in Gestalt von N Einzelmessungen vor sich und möchte ein Maß haben, um wieviel $\bar{x}$ auf Grund statistischer Fehler von μ abweichen kann. Dafür ist $\sigma_{\bar{x}}$ eine geeignete Maßzahl, zumal sie in ihrer (physikalischen) Dimension mit $\bar{x}$ übereinstimmt.

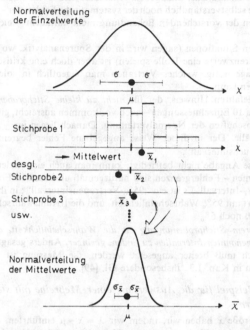

Abb. 1.19. Stichproben (aus einer normalverteilten Grundgesamtheit), Mittelwerte der Stichproben und die von ihnen gebildete Verteilungsfunktion

Als Schätzwert für die *Standardabweichung des Mittelwertes* nimmt man

$$s_{\bar{x}} = \frac{s}{\sqrt{N}}. \qquad [45b]$$

Das ist neben $\bar{x}$ und s (resp. s^2) der dritte empirische Parameter.

Nach diesem Überblick können wir das Ergebnis einer Meßreihe formulieren. Als „Meßwert" wird $\bar{x}$ protokolliert, als praktikable Fehlereingrenzung sehen wir das durch $s_{\bar{x}}$ gegebene Intervall an. Man

49

wird also das Endergebnis einer Meßreihe mit nur statistischen Störungen*) formulieren in folgender Weise:

$$\text{\textit{Ergebnis der wiederholten Messung}} \atop \text{\textit{ein und derselben Größe}} = \bar{x} \pm s_{\bar{x}} **). \qquad [46]$$

In den meisten Fällen wird es den praktischen Bedürfnissen genügen, $s_{\bar{x}}$ als statistischen *Standardfehler* anzugeben. Hinzuzurechen ist für eine vollständige Fehlerangabe selbstverständlich noch der systematische Fehler, der – auch wenn er im Rahmen der vorstehenden Behandlung nicht auftaucht – nicht weniger wichtig ist.

In manchen Situationen (sagen wir: in der Spurenanalytik, wo bestimmte gesetzliche Grenzwerte eine Rolle spielen) ist aber doch eine kritische Erörterung der Frage nötig, welches Vertrauen man eigentlich in solche Fehlerangaben setzen kann.

Einen ungefähren Hinweis, der für *nicht zu kleine Stichprobenumfänge* – mehr als etwa 10 Einzelmessungen – auch vollkommen ausreicht, gibt ein Blick auf die Eigenschaften der Normalverteilung. Danach liegen im $\pm s_{\bar{x}}$-Intervall 68% aller Fälle. Der in dieser Weise angegebene Fehler begrenzt also das „68%-Vertrauensintervall".

Wenn diese Angabe nicht befriedigt, kann man auch eine andere Eingrenzung vornehmen – Fehlergrenzen sind naturgemäß unscharf. In Frage kommt z. B. das $\pm 2 s_{\bar{x}}$-Intervall. Es ist ein „95%-Vertrauensintervall"; in ihm liegt der „wahre" Wert mit 95% Wahrscheinlichkeit, und die Irrtumswahrscheinlichkeit ist demgemäß noch 5%.

Bei kleinerem Stichprobenumfang ist die Wahrscheinlichkeit, den wahren Wert in den genannten Intervallen zu finden, geringer. Anders gesagt: Der Vertrauensbereich muß breiter angesetzt werden, die Messung ist ungenauer. Näheres dazu in Kap. 1.3., insbesondere Gl. [49].

(IV) Ein Beispiel für die Auswertung einer Meßreihe mit statistischen Fehlern

Die Meßgröße x haben wir, indem wir $X = x - \mu$ einführten, im Grunde bloß in eine andere Skala übertragen. Von einer solchen Verschiebung des Nullpunktes macht man auch bei Rechnungen wie der folgenden Gebrauch, und zwar als Rechenhilfsmittel, indem man eine *provisorische Skala* $\tilde{x}$ mit irgendeinem zweckmäßigen Nullpunkt benutzt. Die Abweichungen der Einzelwerte vom Mittelwert sind – als Differenzen – in beiden Skalen gleich.

Es seien $N = 4$ Einzelmeßergebnisse x vorgegeben. Es wird in der provisorischen Skala $\tilde{x} = x - 1$ gerechnet. Aus $\Sigma \tilde{x}/N$ ergibt sich $\bar{x}$

---

*) Einen *systematischen* Fehler mit den hier gebrauchten Begriffen zu belegen, hätte keinen Sinn!

**) Angabe als *absoluter* Fehler.

(und daraus wieder $\bar{x}$). Damit berechnet man die dritte Spalte, nämlich $\tilde{X} = \bar{x} - \bar{\bar{x}}$, daraus die vierte, welche schließlich s^2 und s liefert.

Zur Kontrolle bildet man die Summe der $\tilde{X}$-Spalte, sie muß Null sein.

x	$\bar{x}$	$\tilde{X}$	$\tilde{X}^2$
1,095	$95 \cdot 10^{-3}$	$-10 \cdot 10^{-3}$	$100 \cdot 10^{-6}$
1,101	101	$-\ 4$	16
1,106	106	$+\ 1$	1
1,118	118	$+13$	169

$$\bar{\bar{x}} = \frac{\Sigma \bar{x}}{N} = 105 \cdot 10^{-3} \qquad s^2 = \frac{\Sigma \tilde{X}^2}{N-1} = 95 \cdot 10^{-6}$$

$$s = 10 \cdot 10^{-3}$$

$$\bar{x} = 1,105 \qquad s_{\bar{x}} = \frac{s}{\sqrt{N}} = 5 \cdot 10^{-3}$$

Das Ergebnis lautet: $1,105 \pm 0,005$ *).

Man modifiziert den Rechengang oft auf folgende Weise: Es ist

$$\Sigma(x_i - \bar{x})^2 = \Sigma x_i^2 - 2\bar{x}\Sigma x_i + N\bar{x}^2 .$$

Da (wegen der Definition des Mittelwertes) im zweiten Glied

$$\Sigma x_i = \bar{x}N$$

gesetzt werden kann, ergibt sich

$$\Sigma(x_i - \bar{x})^2 = \Sigma x_i^2 - N\bar{x}^2 . \tag{47}$$

Danach läßt sich die Summe der vierten Spalte schneller berechnen, weil die Differenzbildung $x_i - \bar{x}$ entbehrlich wird. Die Formel ist aber nicht in provisorischen Skalen anwendbar und erfordert auch eine genaue (vielstellige) Rechnung; sie ist daher typisch für Rechenmaschinen geeignet.

(V) Fehlerfortpflanzung

Das Beispiel schließt ab mit der Feststellung der Meßgröße und ihres Fehlers. Häufig ist damit aber erst ein Teil der Auswertung erledigt: Die Größe wird neben anderen in Formeln eingesetzt, die dann erst zum eigentlich gesuchten Ergebnis führen. Beispielsweise müssen zur Bestimmung der Äquivalentleitfähigkeit zwei Leitfähigkeitswerte voneinander abgezogen und dann durch die Konzentration dividiert werden. In das Endergebnis gehen somit drei gemessene Größen ein, die alle nicht frei von Fehlern sind. Es ist eine wichtige Frage,

---

*) In den Beispielen wurde davon abgesehen, eine Maßeinheit mitzuführen.

welcher Fehler daraus für das Endergebnis resultiert. Diese „Fehlerfortpflanzung" läßt sich am einfachsten mit den Mitteln der Differentialrechnung behandeln und wird deshalb erst später näher besprochen (→ Kap. 3.4.1. und 4.2.III).

1.3. Statistische Fehler in Meßreihen geringen Umfangs

1.3.1. Einiges über Stichproben

(I) Stichprobenprobleme

Im vorigen Abschnitt wurde angedeutet, daß der Schluß von einer Stichprobe auf die Grundgesamtheit statistische Unsicherheiten insbesondere dann birgt, wenn der Stichprobenumfang klein ist. Wir wollen jetzt unser Augenmerk auf die damit zusammenhängenden speziellen Fragen richten.

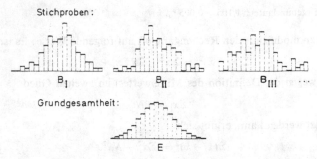

Abb. 1.20. Stichproben im Vergleich zur Grundgesamtheit (*B*: Beobachtete, *E*: erwartete Verteilungen)

Die empirischen Stichprobeneigenschaften wie Mittelwert, Standardabweichung und Form der Häufigkeitsverteilung konvergieren zwar mit zunehmendem Stichprobenumfang gegen die Eigenschaften der Grundgesamtheit (Gesetz der großen Zahl), jedoch können bei Stichproben oder Meßreihen geringen Umfangs beträchtliche Abweichungen auftreten. Das zeigt sich, wenn man mehrere unter gleichen Bedingungen genommene Stichproben unter sich oder mit der Grundgesamtheit vergleicht (Abb. 1.20.). Derartige statistische Unsicherheiten hat man nicht nur bei unserer Diskussion von Meßfehlern zu gewärtigen, sondern bei jeder Art von stichprobenartigen Erhebungen. Wir können deshalb bei dieser Gelegenheit etwas allgemeiner werden und Stichproben im Wortsinne mit in die Betrachtungen einbeziehen. In vielen Fällen werden ja auch im technisch-naturwissenschaftlichen Bereich von einer nicht-unendlichen Anzahl möglicher Messungen, die man also im Prinzip alle ausführen könnte, aus praktischen Gründen doch nicht alle erledigt. Beispielsweise wird man bei der Kontrolle eines Produktes – sagen wir, von Tabletten – nur Stichproben nehmen können. Die Grundgesamtheit hat in einem solchen Fall endlichen Umfang. Es ist nicht unbedingt nötig, sie als normalverteilt vorauszusetzen.

Die Verallgemeinerung ist mathematisch unbedenklich; die statistischen Methoden sind immer die gleichen und nicht auf bestimmte Untersuchungsobjekte beschränkt. Das Beispiel der Produktkontrolle zeigt indes die veränderte experimentelle Situation: Aus einer endlichen, realisierbaren Zahl von Meßmöglichkeiten werden einige ausgewählt. Statistische Unsicherheiten entstehen bei der *Auswahl*. Daß bei der Tabletten*untersuchung* Meßfehler auftreten, kommt erschwerend hinzu, kann aber für das erstere Problem außer Betracht gelassen werden.

Was ist nun ein „kleiner" Stichprobenumfang? Als ganz grobe Faustregel gilt, daß man mit $N = 10$ Einzelmessungen folgende Zuverlässigkeit der Aussagen erreicht: Der Mittelwert $\bar{x}$ ist von einem vorgegebenen anderen Wert dann als signifikant (nicht-zufällig) verschieden anzusehen, wenn er um mehr als die empirische Standardabweichung s von diesem entfernt ist; die Standardabweichung ihrerseits ist in diesem Falle auf etwa 50% genau zu bestimmen. Das genügt z. B. für Zwecke der einfachen Fehlerdiskussion, so daß man Stichproben mit $N > 10$ als problemlos betrachten kann*). Bei kleineren Stichprobenumfängen aber empfehlen sich besondere statistische Testverfahren, um die Vertrauenswürdigkeit der Ergebnisse zu überprüfen.

(II) Anforderungen an Stichproben

Stichproben müssen, wie man aus der Demoskopie weiß, „repräsentativ" sein. Dazu kann man (wie auf diesem Gebiet) *organisierte Stichproben* nach bestimmten Kontrollmerkmalen zusammenstellen, was aber schon Kenntnisse der Grundgesamtheit voraussetzt. Der Natur der Sache entsprechend sind dagegen *Zufallsstichproben* auf jeden Fall repräsentativ.

Wenn wir aus einer – im Prinzip unendlichen – Vielzahl möglicher Messungen ein und derselben Größe nur einige ausführen, wie im Rahmen der Fehlerdiskussion angenommen wurde, haben wir es mit einer *zufälligen* Stichprobe zu tun.

Dagegen ist die Probenentnahme bei der Produktkontrolle nicht per se zufällig. Man muß ausdrücklich dafür sorgen, daß die Reihenfolge der entnom-

---

*) Decies repetita placebit (*Horaz*).

menen Proben statistisch streut. Dazu könnte man irgendein Lotterieverfahren benutzen. Einfacher bedient man sich vorbereiteter Tafeln, auf denen die Ziffern 0 ... 9 in zufälliger Reihenfolge aufgelistet sind. Ein Ausschnitt aus einer solchen *Zufallszahlentabelle* sieht so aus:

```
44983  33834  54280  67850  96025 ...
89494  34431  44890  59892  79682 ...
54430 ...
...
```

Sollen z. B. aus 200 möglichen Untersuchungsobjekten 10 als Stichprobe herausgegriffen werden, so fängt man irgendwo in der Tabelle an, solche dreistelligen Ziffernfolgen, die Zahlen $\leqslant 200$ darstellen, aufzusuchen und nimmt die ersten 10 auf diese Weise abgelesenen Zahlen als Nummern der auszuwählenden Objekte. Unter den oben aufgeführten Zufallszahlen stößt man z. B. in der ersten Zeile auf die Nummer 067, 096 und 025.

Soweit man es aus Gründen der bequemeren Behandlung vorzieht, die Meßergebnisse zu *klassieren*, sollte die Zahl K der Klassen oder Kanäle (in denen überhaupt Werte vorkommen) in einem vernünftigen Verhältnis zur Gesamtzahl N der Meßwerte stehen. Als Faustregel gilt $K = \sqrt{N}$, wobei aber K nicht kleiner als 5 werden sollte.

(III) Freiheitsgrade in der Statistik

Im Zusammenhang mit Stichprobenfragen taucht der Begriff der statistischen Freiheitsgrade auf.

Gemeint ist folgender Sachverhalt: Eine Meßreihe aus N Einzelmessungen ergebe den Mittelwert $\bar{x}$. Dieser Wert könnte auch herauskommen, wenn man einige der Einzelwerte veränderte, ja man kann alle bis auf einen frei verändern. Dieser letzte muß so gewählt werden, daß doch wieder das gleiche $\bar{x}$ herauskommt. Daher sind nur $N-1$ Einzelwerte frei: Die Zahl der Freiheitsgrade ist $f = N-1$. (Dieser – dort beiläufig erwähnte – Ausdruck steht im Nenner von Gl. [44].)

Oft hat man es mit mehreren, voneinander unabhängigen Probenreihen zu tun. Dann ist zu unterscheiden zwischen der Zahl der Messungen in einer Stichprobe, N_p, und der Gesamtzahl der Messungen, $N = \Sigma N_p$. Wir wollen die Zahl der Freiheitsgrade für den allgemeineren Fall angeben.

Die Messung möge P unabhängige Probenreihen haben, jeweils aus N_p Einzelmessungen bestehend (Index $p = 1 \ldots P$). Für jede dieser Stichproben ist die Zahl der Freiheitsgrade gleich $N_p - 1$, für die Messung insgesamt die Summe dieser Werte, wegen $\Sigma N_p = N$ mithin:

$$f = N - P. \tag{48a}$$

Daraus ergibt sich für $P = 1$ wieder der Fall einer einzigen Stichprobe.

Ist die Meßgröße klassiert, so ist in jeder Meßreihe die Zahl der Klassen, K_p, an Stelle der Zahl der Einzelwerte, N_p, zu setzen. Mit $\Sigma K_p = K$ gilt dann statt der obigen Beziehung:

$$f = K - P. \qquad [48b]$$

Hat man Anwendungen, in denen die Zahl der Freiheitsgrade benötigt wird – wie etwa beim Gebrauch mancher statistischen Tabellen –, so findet man in der betreffenden Literatur meist auch einen Hinweis, wie f im speziellen Fall zu berechnen ist.

1.3.2. Beurteilung von Mittelwert und Standardabweichung bei angenäherter Normalverteilung

(I) Der Vertrauensbereich des Mittelwertes einer Stichprobe

Als Standardfehler einer Meßreihe gibt man, gemäß Gl. [46], das $\pm s_{\bar{x}}$-Intervall an. Dieses haben wir – für nicht zu kleine Stichprobenumfänge – als 68%-Vertrauensbereich interpretiert, und gleicherweise das $\pm 2s_{\bar{x}}$-Intervall als 95%-Vertrauensbereich. Letzteres hieße mit anderen Worten: Die Wahrscheinlichkeit, den „wahren" Wert im $\pm 2s_{\bar{x}}$-Intervall zu finden, beträgt 95%, die Irrtumswahrscheinlichkeit 5%.

Diese Beurteilung ist aber, wie gesagt, nur für hinreichend große Stichprobenumfänge zutreffend. Will man die Sicherheit von z.B. 95% beibehalten, so muß *bei kleinerem Stichprobenumfang* das Intervall ausgedehnt werden; *der Fehler ist größer als nach der einfachen Gl. [46].* Allgemein gilt, wenn man das Ergebnis von N Messungen in der Form $\bar{x} \pm \Delta x$ protokollieren will: Für eine fest vorgegebene Irrtumswahrscheinlichkeit α bekommt man die Fehlergrenze Δx aus der Standardabweichung des Mittelwertes, $s_{\bar{x}}$, nach

$$\Delta x = t_\alpha s_{\bar{x}}. \qquad [49]$$

Darin ist t_α der sog. Studentsche Faktor, der außer von α auch noch von der Zahl der Freiheitsgrade abhängt*). Für den 95%-Vertrauensbereich, d.h. $\alpha = 0,05$ (5%), ist stets $t_{0,05} \geqslant 2$. Also ist $\Delta x \geqslant 2s_{\bar{x}}$ und damit im allgemeinen größer als der zunächst angenommene Wert $\Delta x = 2s_{\bar{x}}$. Einige t-Werte bringt Tab. 1.2. Sie bestätigen unsere frühere Bemerkung, daß für Stichproben mit $N \geqslant 10$ kein nennenswerter Unterschied gegenüber der früheren Beurteilung zu sehen ist (welche ja bedeutete: $t_{0,05} = 2$).

---

*) Nach Gl. [48a] gibt es im vorliegenden Fall $f = N - 1$ Freiheitsgrade.

Tab. 1.2. Studentscher Faktor t_α für $\alpha = 0,05$
(Testgröße für den t-Test)

f	$t_{0,05}$
1	12,7
2	4,3
3	3,2
5	2,6
10	2,2
∞	2

Bei Anwendung von Gl. [49] ist $f = N - 1$, bei Gl. [51] ist $f = N - 2 = 2N_p - 2$.

(II) Das Schema statistischer Tests

Zwei Stichproben wie aus Abb. 1.20. können rein zufällig verschiedene Parameter, z. B. Mittelwerte, aufweisen; dahinter kann sich aber auch ein systematischer Trend verbergen. Es ist oft wichtig, diese Frage: Zufall oder Systematik? zu beantworten.

Man kann darauf – im Wortsinne – keine $100^\circ{}_0$ige Antwort erwarten, sondern nur eingeschränkte der Art: Mit $95^\circ{}_0$ Wahrscheinlichkeit ist diese oder jene Antwort richtig. Wie die Antwort ausfällt, hängt von der Fragestellung ab und wird durch ein bestimmtes *Testverfahren* geklärt.

Die statistischen Tests gehen wie folgt vor:

(α) Man stellt eine Behauptung auf („die Mittelwerte weichen nur zufällig voneinander ab"): statistische Hypothese H.

(β) Die mathematische Statistik hält eine Testgröße T bereit, die nach einer gegebenen Formel aus den Meßwerten errechnet wird.

(γ) Die Theorie befaßt sich mit der Wahrscheinlichkeit bestimmter T-Werte. Insbesondere gibt sie die Wahrscheinlichkeit α an, mit der T einen bestimmten Wert T_α überschreitet, *falls die Behauptung H wahr ist*. Für die Anwendungen gibt man gewöhnlich α als bestimmten Wert vor und betrachtet den von der Theorie gelieferten, zugehörigen „Schwellwert" T_α. Man nennt α in diesem Zusammenhang „Signifikanzniveau"; typischerweise wird $\alpha = 0,05$ ($5^\circ{}_0$) oder auch $\alpha = 0,01$ ($1^\circ{}_0$) festgesetzt. Die zugehörigen T_α findet man tabelliert.

(δ) Man vergleicht nun das empirische T mit dem Tabellenwert T_α. Dann kann wie folgt entschieden werden:

Ist $T < T_\alpha$, so ist gegen die Hypothese („auf dem Signifikanzniveau α", d. h. mit z. B. 5% Irrtumswahrscheinlichkeit)
nichts einzuwenden.

Ist $T > T_\alpha$, so ist die Hypothese *abzulehnen.*

Das Signifikanzniveau gibt also das Risiko an, etwas Falsches zu
behaupten.

Aussagen mit $\alpha = 0,05$ pflegt man als signifikant, solche mit $\alpha = 0,01$ als eindeutig signifikant zu umschreiben.

Es ist übrigens nicht so – wie es auf den ersten Blick scheinen könnte –, daß
niedrigere Signifikanzniveaus automatisch immer bessere Ergebnisse bringen.
Ein statistischer Test ist ja seiner Natur nach eine Hypothesenprüfung, und
dabei kann man in zweierlei Hinsicht zu Fehlschlüssen kommen. Der sog.
Fehler 1. Art besteht darin, daß man die Hypothese auf Grund des Testes ab-
lehnt, obwohl sie zutreffend ist. Ein Fehler 2. Art liegt vor, wenn man eine unzu-
treffende Hypothese akzeptiert. Wenn man nun α verringert (z. B. unter
$\alpha = 0,01$ geht), so verringert sich zwar die Gefahr eines Fehlers 1. Art, doch
steigt zugleich die Chance, einen Fehler 2. Art zu begehen.

Die Prozedur mutet kompliziert an. Man muß jedoch bedenken,
daß es ziemlich diffizile Fragen zu entscheiden gilt, die sich (wie Abb.
1.20. zu sagen nahelegt) um die statistischen Unsicherheiten der statistischen Unsicherheiten ranken.

Wir führen im folgenden einige der Tests an, wie man sie zur Be-
urteilung von *Mittelwerten* und *Standardabweichungen* heranzieht.
Weiter werden wir sehen, daß sie hilfreich sind, wenn es die *Form* der
Häufigkeitsverteilung von Stichproben zu untersuchen gilt.

(III) Der Vergleich der Mittelwerte zweier Stichproben

Beide Stichproben (mit den Mittelwerten $\bar{x}_1$ und $\bar{x}_2$) sollen einer
etwa *normalverteilten* Grundgesamtheit entstammen und *gleiche
Varianz* haben. Dann sind die beiden $s_{\bar{x}}$ etwa gleich *). Wir beschränken
uns auf den Fall, daß zudem beide Proben den *gleichen Umfang* N_p
haben.

Die Testgröße ist

$$T_t = \frac{|\bar{x}_1 - \bar{x}_2|}{\sqrt{2} \cdot s_{\bar{x}}}. \qquad [50]$$

---

*) Erweisen sich die beiden empirischen Werte $s_{\bar{x},1}$ und $s_{\bar{x},2}$ als verschieden,
so verwendet man in Gl. [50] ihren aus den Varianzen berechneten Mittelwert:

$$s_{\bar{x}} = \sqrt{\frac{s_{\bar{x},1}^2 + s_{\bar{x},2}^2}{2}}$$

Sie wird mit den in Tab. 1.2. angegebenen Studentschen t-Faktoren verglichen. Ist

$$T_t < t_\alpha, \qquad [51]$$

so sind $\bar{x}_1$ und $\bar{x}_2$ *nicht* (nicht signifikant) *verschieden* (t-Test).

Zur Veranschaulichung betrachten wir den Grenzfall $T_t = t_\alpha$. in dem

$$|\bar{x}_1 - \bar{x}_2| = \sqrt{2}\, t_\alpha s_{\bar{x}}$$

wäre. Der α-Vertrauensbereich jedes der beiden Mittelwerte erstreckt sich nach Gl. [49] bis $t_\alpha s_{\bar{x}}$, so daß sich in der betrachteten Situation beide Bereiche gerade noch knapp überschneiden. Rücken die beiden Mittelwerte weiter auseinander, so ist schließlich die Hypothese „beide Mittelwerte nur zufällig verschieden" nicht mehr zu halten (Abb. 1.21.).

Man kann den t-Test auch, mit leicht modifizierter Testgröße (ohne $\sqrt{2}$ im Nenner), heranziehen, um den Mittelwert *einer* Stichprobe mit einem fest vorgegebenen Wert zu vergleichen („einfacher" t-Test im Gegensatz zum oben genannten „doppelten").

Schließlich ist der t-Test auch auf *zwei* Stichproben *verschiedenen* Umfangs anwendbar; dann ist allerdings die Testgröße auf etwas kompliziertere Weise zu berechnen.

Die Gleichheit der Varianzen, wie sie hier vorausgesetzt wird, läßt sich mit dem unter (IV) behandelten F-Test prüfen.

Schneller als der t-Test führt ein nach *Lord* benannter Test zum Ziel, der allerdings einen eingeschränkten Anwendungsbereich hat. Er setzt zwei *gleich umfängliche*, aus einer etwa *normalverteilten* Grundgesamtheit stammende Stichproben voraus, nimmt aber keinen Bezug auf deren Varianzen, die deshalb auch nicht gleich sein müssen. Man braucht neben den Mittelwerten von jeder Stichprobe nur die sog.

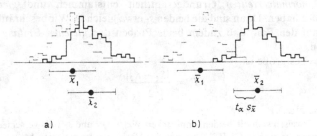

a)   b)

Abb. 1.21. Unterscheidbarkeit der Mittelwerte zweier Stichproben. Balken bezeichnen Vertrauensintervall. a) Kein signifikanter, b) signifikanter Unterschied der Mittelwerte

Variationsbreite (Spannweite) R, das ist die Differenz zwischen größtem und kleinstem Meßwert:

$$R = x_{max} - x_{min}.$$

Tab. 1.3. Testgröße U_α für $\alpha = 0,05$. Vergleich zweier Stichproben, jede vom Umfang N_p

N_p	$U_{0,05}$
3	1,3
4	0,8
6	0,5
10	0,3

Man benutzt den Mittelwert $\bar R$ der Variationsbreite beider Stichproben und bildet mit ihm die Testgröße

$$T_U = \frac{|\bar x_1 - \bar x_2|}{\bar R}. \tag{52}$$

Sie wird mit den in der Tab. 1.3. angegebenen Werten U_α verglichen. Ist

$$T_U < U_\alpha, \tag{53}$$

so sind $\bar x_1$ und $\bar x_2$ *nicht* (nicht signifikant) *verschieden*.

Beispiel: 2 Stichproben, je $N_p = 4$, beide $s_{\bar x} = 5 \cdot 10^{-3}$, mit den Mittelwerten $\bar x_1 = 1,105$ und $\bar x_2 = 1,135$ sowie den Variationsbreiten $R_1 = 2,3 \cdot 10^{-2}$ und $R_2 = 1,7 \cdot 10^{-2}$.

t-Test: $T_t = 4,25$. Tabellenwert für $f = 8 - 2 = 6$ Freiheitsgrade und $\alpha = 0,05$: $t_{0,05} = 2,4_5$. Vergleich: Es ist $T_t > t_\alpha$, also sind $\bar x_1$ und $\bar x_2$ auf dem 5%-Signifikanzniveau verschieden.

Lord-Test: $\bar R = 2 \cdot 10^{-2}$ ergibt $T_U = 1,5$. Tabellenwert für $N_p = 4$: $U_{0,05} = 0,8$. Vergleich: Es ist $T_U > U_\alpha$. Folgerung wie oben.

(IV) Der Vergleich der Standardabweichungen zweier Stichproben

Die Frage, ob zwei Meßreihen signifikant gleiche oder verschiedene Standardabweichungen haben, ist nicht nur ein statistisches Randproblem (etwa wegen der Voraussetzungen des *t*-Tests). Will man z. B. die Verbesserung eines Analysenverfahrens hinsichtlich seiner Reproduzierbarkeit beurteilen, so ist die Standardabweichung (oder die Varianz) die maßgebende Kenngröße!

Der folgende Test ist eine Prüfung der Hypothese: „Die Varianzen zweier Stichproben weichen nur zufällig voneinander ab."

Es sollen zwei Stichproben *gleichen Umfangs* N_p, die einer *Normalverteilung* entstammen, verglichen werden. Man rechnet für jede Probenreihe einzeln die empirische Varianz s^2 aus und bildet als Testgröße den Quotienten aus beiden so, daß er größer als Eins wird, also

$$T_F = \frac{s^2(\max)}{s^2(\min)}.$$ [54]

Dieser Wert wird mit einem tabellierten Wert F_α verglichen. Ist

$$T_F < F_\alpha,$$ [55]

so sind die Varianzen *nicht* (nicht signifikant) *verschieden* (F-Test; vgl. Tab. 1.4.).

Tab. 1.4. Testgröße F_α für $\alpha = 0,05$ und zwei Stichproben, jede vom Umfang N_p

$f = N_p - 1$	$F_{0,05}$
1	161,5
2	19,0
3	9,3
5	5,1
10	3,0
20	2,1
50	1,6
100	1,4
500	1,2
∞	1,0

Hier ist f die Zahl der Freiheitsgrade pro Stichprobe, daher: $f = N_p - 1$.

Um Standardabweichungen ebenso zuverlässig bestimmen zu können wie Stichproben-Mittelwerte, bedarf es, wie die Tabellenwerte erkennen lassen, wesentlich umfangreicherer Stichproben!

Der F-Test ist auch mit Stichproben verschiedenen Umfangs und mit mehr als zwei Stichproben ausführbar. Dazu gibt es spezielle Tabellen.

1.3.3. Nicht-normale Verteilungen

(I) Einige Beispiele aus dem physikalisch-chemischen Bereich

Während die Diskussion statistischer Meßfehler von der Normalverteilung beherrscht wird, findet man unter den von *Natur* aus statistischen Erscheinungen eine Fülle von nicht-normalen Verteilungsfunktionen. Tab. 1.5. gibt dafür einige Beispiele. An den aufgeführten Vorgängen sind in der Regel so ungeheuer viele Atome oder Moleküle beteiligt, daß gemäß dem Gesetz der großen Zahl keine statistisch bedingten Abweichungen von den kontinuierlichen Verteilungsfunktionen – in denen sich naturgesetzliche Zusammenhänge ausdrücken – beobachtet werden. Anders ist die Situation bei vielen Experimenten im atomaren Bereich. Beispielsweise findet man bei Experimenten mit Korpuskularstrahlung oft nur relativ wenige Ereignisse, und die Einzelbefunde schwanken dann ähnlich, wie es Abb. 1.20. andeutet.

In letzterem Fall hat man sich zu fragen, welche *Form* der Verteilungsfunktion, trotz der statistischen Unsicherheiten, zugeschrieben werden kann. Da-

Tab. 1.5. Einige physikalisch relevante, kontinuierliche Verteilungsfunktionen

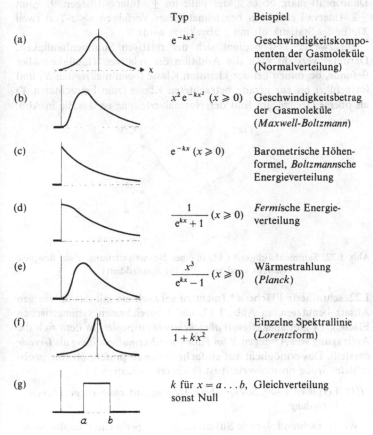

	Typ	Beispiel
(a)	e^{-kx^2}	Geschwindigkeitskomponenten der Gasmoleküle (Normalverteilung)
(b)	$x^2 e^{-kx^2}$ $(x \geqslant 0)$	Geschwindigkeitsbetrag der Gasmoleküle (*Maxwell-Boltzmann*)
(c)	e^{-kx} $(x \geqslant 0)$	Barometrische Höhenformel, *Boltzmann*sche Energieverteilung
(d)	$\dfrac{1}{e^{kx}+1}$ $(x \geqslant 0)$	*Fermi*sche Energieverteilung
(e)	$\dfrac{x^3}{e^{kx}-1}$ $(x \geqslant 0)$	Wärmestrahlung (*Planck*)
(f)	$\dfrac{1}{1+kx^2}$	Einzelne Spektrallinie (*Lorentz*form)
(g)	k für $x = a \ldots b$, sonst Null	Gleichverteilung

Kurvenbilder nur qualitativ! Es ist k eine Konstante, $k > 0$.

61

hinter steckt z. B. der Wunsch zu unterscheiden, ob eine gefundene Verteilung aus einer oder aber zwei, nicht deutlich getrennten Spektrallinien besteht, deren Form man im Prinzip ja kennt (Tab. 1.5., Beispiel f). Auch solche Probleme können mit statistischen Kriterien untersucht werden.

(II) Test auf Normalverteilung

Der Vollständigkeit halber sei zunächst angeführt, wie man mit Hilfe der in Tab. 1.1. angegebenen Werte leicht testen kann, ob eine Verteilung – wenigstens annähernd – normal ist. Man berechnet aus den Meßwerten nach Gl. [44] die empirische Standardabweichung s. Dann prüft man, ob 68% der Fälle im $\pm s$-Intervall liegen, 95% im $\pm 2s$-Intervall etc. Man bezeichnet dieses Verfahren als z-Test (weil X/σ in der Statistik oft mit z abgekürzt wird).

Ein zweiter Test bedient sich der relativen Summenhäufigkeit. Darunter versteht man die Addition der relativen Häufigkeit aller Befunde, begonnen bei der kleinsten Klasse (beim niedrigsten X) und fortgeführt bis zur gerade betrachteten Klasse (zum betrachteten X) als oberer Grenze. Im Bild der Normalverteilung ist das die in Abb.

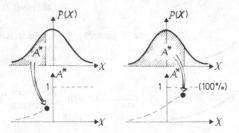

Abb. 1.22. Summenhäufigkeit (A^*) in einer Normalverteilung. Zwei Beispiele (jeweils wird von $-\infty$ bis X aufaddiert)

1.22. schraffierte Fläche A^* (nicht zu verwechseln mit der im vorigen Absatz benutzten, in Abb. 1.17. als A bezeichneten symmetrischen Fläche). Es gibt spezielles *Wahrscheinlichkeitspapier*, in dem sich die Auftragung von A^* *gegen X im Falle einer Normalverteilung* als *Gerade* darstellt. Das ermöglicht auf einfache Weise zu prüfen, ob eine beobachtete Größe normalverteilt ist (Näheres → Kap. 5.3.).

(III) Vergleich einer Stichprobenverteilung mit einer vorgegebenen Verteilung

Wir betrachten folgende Situation: Eine experimentell beobachtete, diskrete Häufigkeitsverteilung B soll darauf geprüft werden, ob sie nur zufällig oder aber signifikant von einer vorgegebenen oder erwarteten Verteilung, E, abweicht.

Der im folgenden erläuterte Test rechnet mit *absoluten* Häufigkeiten. Berücksichtigt werden nur Klassen oder Kanäle, in denen eine von Null verschiedene Häufigkeit *erwartet* wird; überdies soll diese wenigstens 5 Ereignisse pro Klasse erwarten lassen. Ist das nicht der Fall, so faßt man 2 oder mehr Klassen zu einer neuen zusammen, wodurch sich deren Gesamtzahl K entsprechend verringert.

Sei B_i die in der i-ten Klasse beobachtete, E_i die erwartete absolute Häufigkeit. Die Angaben von E_i muß man so normieren, daß ihre Summe mit der Summe der beobachteten B_i übereinstimmt. Man bildet nun durch Addition die Testgröße

$$T_{\chi^2} = \sum_{i=1}^{K} \frac{(B_i - E_i)^2}{E_i}. \qquad [56]$$

(Voraussetzungsgemäß wird nur über Klassen summiert, für die $E_i \neq 0$ ist.) Die Größe T_{χ^2} wird mit einem tabellierten Wert χ_α^2 (Tab. 1.6.) verglichen. Ist

$$T_{\chi^2} < \chi_\alpha^2, \qquad [57]$$

so sind die beiden Verteilungen B und E (auf dem Signifikanzniveau α) *in ihrer Form nicht unterscheidbar* (nicht signifikant verschieden). Diese Prüfmethode heißt χ^2-Anpassungs-Test*).

Tab. 1.6. Testgröße χ_α^2 für $\alpha = 0{,}05$

f	$\chi_{0,05}^2$
1	3,8
2	6,0
3	7,8
5	11,1
10	18,3
20	31,4
50	67,5
100	124,3
500	553,1
1000	1074,7

Werden in K Klassen oder Kanälen Ergebnisse erwartet, so ist $f = K - 1$.

---

*) Chi-Quadrat-Test.

Bei einer Stichprobe, die von vornherein in K Klassen Ergebnisse erwarten läßt, ist als Zahl der Freiheitsgrade gemäß Gl. [48b] $f = K - 1$ zu setzen.

Beispiel (α): Mit einem Würfel werden 300 Würfe gemacht. Die beobachteten Häufigkeiten der Augenzahlen seien: $B_1 = 47$, $B_2 = 50$, $B_3 = 49$, $B_4 = 53$, $B_5 = 56$, $B_6 = 45$ ($\Sigma B = 300$). Erwartet wird $P_i = 1/6$, also wegen $P_i = N_i/N$ nach Multiplikation mit $N = 300$ in allen Klassen: $E = 50$ (Gleichverteilung). Die Testgröße ergibt sich zu $T_{\chi^2} = 1,60$. Für $\alpha = 0,05$ und $f = K - 1 = 5$ Freiheitsgrade ist der Tabellenwert $\chi^2_{0.05} = 11,1$. Vergleich: Es ist $T_{\chi^2} < \chi^2_\alpha$; d.h. es ist nichts gegen die Annahme einzuwenden, daß die Streuungen der Häufigkeit (Abweichungen von der Gleichverteilung) *zufällig* seien*).

Beispiel (β): Statt der 300 werden 30000 Würfe gemacht; die relativen Häufigkeiten mögen dieselben bleiben; es werden lediglich alle absoluten Häufigkeiten mit 100 multipliziert. Die Testgröße ist jetzt $T_{\chi^2} = 160$, der Tabellenwert unverändert $\chi^2_{0.05} = 11,1$. Vergleich: Es ist $T_{\chi^2} > \chi^2_\alpha$; die Abweichungen von der Gleichverteilung können nicht auf Zufall beruhen. In dieser Aussage macht sich das Gesetz der großen Zahl bemerkbar: Bei so großen Versuchszahlen ist allmählich eine Annäherung an die Grundgesamtheit zu erwarten. Bleiben dennoch Unterschiede zur Erwartung, so weisen sie jetzt signifikant darauf hin, daß die erwartete Gleichverteilung nicht gilt (weil z.B. der Würfel nicht symmetrisch ist). Man beachte: Auch im Beispiel (α) *könnte* der Würfel schuld gewesen sein, aber das läßt sich vom Zufallseinfluß überhaupt nicht unterscheiden.

(IV) Eine ergänzende Bemerkung über statistische Tests im allgemeinen: Die Häufigkeitsverteilung von Testgrößen und ein Demonstrationsversuch dazu

Das Schema statistischer Tests ist vorn nur skizziert worden, ohne auf die „Wahrscheinlichkeit der Testgröße" näher einzugehen. Dazu fügen wir jetzt noch eine Bemerkung an. Die Testgröße T_{χ^2} möge uns als Objekt eines Demonstrationsversuches dienen, mit dessen Hilfe das allgemeine Verhalten von Testgrößen vielleicht ein wenig deutlicher gemacht werden kann.

Da der χ^2-Test die Verteilungsfunktion einer Meßgröße ihrer *Form* nach zu beurteilen gestattet, gehen wir aus vom einfachsten denkbaren Fall: Einer Gleichverteilung mit 2 Klassen (2 möglichen Meßwerten), wie sie beim Werfen einer Münze (Zahl oder Wappen) zu erwarten ist.

Angenommen, es liegt eine Stichprobe aus 10 Würfen vor. Man erwartet Zahl und Wappen mit je $E = 5$, findet aber etwas anderes. Die Frage ist: Welche Abweichungen treten mit welcher Wahrscheinlichkeit auf?

Das läßt sich experimentell feststellen, indem man die relative Häufigkeit bestimmter Abweichungen in einer sehr großen Zahl solcher 10er-Stichproben feststellt. Da es nur zwei Klassen gibt, genügt es, $|B - E|$ zur Kennzeichnung der Abweichung anzugeben, also: $5:5$ gibt $|B - E| = 0$; $4:6$ oder $6:4$ gibt

---

*) It can be reasonably supposed to have arisen from random sampling (*Pearson*, der Vater des Tests).

$|B - E| = 1$, usw. Möglich sind alle ganzzahligen Werte von $|B - E|$ von 0 bis 5.

Die Ergebnisse von 100 solchen Stichproben lauten z. B.:

$|B - E|$	T_{χ^2}	Anzahl
0	0	30
1	0,4	35
2	1,6	25
3	3,6	8
4	6,4	2
5	10,0	0

In der Übersicht ist aus $|B - E|$ sogleich auch T_{χ^2} gemäß Gl. [56] ausgerechnet worden. Man sieht: Die verschiedenen möglichen Werte der Testgröße kommen mit verschiedener relativer Häufigkeit vor. Es gibt also neben der Häufigkeitsverteilung der Meßgröße auch eine *Häufigkeitsverteilung der Testgröße* (Abb. 1.23.). Beide sind (in unserem Beispiel) diskret; im übrigen haben sie nichts miteinander zu tun.

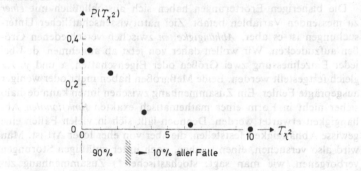

Abb. 1.23. Häufigkeitsverteilung der beobachteten Testgröße T_{χ^2} in einem Münzwurf-Experiment

Indem man die Zahl der Experimente erhöht – oder aber theoretisch vorgeht – kann man genauere Angaben über die Häufigkeitsverteilung der Testgröße machen, und zwar wie für diskrete, so auch für kontinuierliche Variable. Damit kennt man die Wahrscheinlichkeit, mit der eine bestimmte (durch ein bestimmtes T_{χ^2} charakterisierte) Abweichung von der Gleichverteilung (das ist hier die Hypothese) aus *reinem Zufall* vorkommen kann.

Nun kann man auch mit Summenhäufigkeiten rechnen und z. B. den Anteil aller Fälle angeben, der eine Testgröße *oberhalb* eines bestimmten Wertes ergibt. In unserem Beispiel liegen nach Abb. 1.23. 10% der Fälle ($\alpha = 0,1$) oberhalb einer Grenze, die irgendwo zwischen den (diskreten) Werten 1,6 und 3,6 zu suchen ist. Die Theorie für kontinuierliche Variable findet diese Grenze bei

2,7. Dies ist der Wert, der als „$\chi^2_{0,1}$" tabelliert wird. Entsprechend findet man die (höher liegenden) Grenzen für $\alpha = 0,05$ usw.

Wir wissen nach diesem Experiment, daß der reine Zufall nur in 10% aller Fälle eine Testgröße $T_{\chi^2} > 2,7$ erzeugt. Ein weiterer Versuch mit Hosenknöpfen, der wesentlich häufiger zu großen T_{χ^2} führt, läßt daher nur den Schluß zu, daß die angenommene Gleichverteilung eben doch nicht vorliegen kann (die *Hypothese wird abgelehnt*).

Bleibt zu fragen, warum man zu dieser Schlußfolgerung eine spezielle Testgröße benötigt. Aufgabe aller statistischen Tests ist es, eine Entscheidung über eine vorgelegte Hypothese zu ermöglichen. Dabei sind, wie schon erwähnt, zwei Arten von Fehlern möglich. Um diese Fehler möglichst klein zu halten – vermeidbar sind sie nicht –, sind die verschiedenen, den Problemen angepaßten Tests konstruiert worden.

1.4. Stochastische und funktionale Zusammenhänge zwischen zwei Variablen

Die bisherigen Erörterungen haben sich ausschließlich mit *einer* zu messenden Variablen befaßt. Ziel naturwissenschaftlicher Untersuchungen ist es aber, *Abhängigkeiten* zwischen verschiedenen Größen aufzudecken. Wir wollen daher von jetzt ab annehmen, daß bei jeder Einzelmessung zwei Größen oder Eigenschaften, x und y, zugleich festgestellt werden. Beide Meßgrößen haben mehr oder weniger ausgeprägte Fehler. Ein Zusammenhang zwischen ihnen kann deshalb sicher nicht in Form einer mathematisch exakten *funktionalen* Abhängigkeit erwartet werden. Dennoch läßt sich in vielen Fällen eine gewisse Abhängigkeit feststellen, die aber von eher loser Art ist. Man wird also versuchen, einen solchen, noch unter zufälligen Störungen verborgenen, wie man sagt: stochastischen*) Zusammenhang zunächst nachzuweisen, um dann über die inneren Beziehungen zwischen x und y möglichst zahlenmäßig faßbare Angaben zu gewinnen. Die einschlägigen statistischen Methoden werden im folgenden dargestellt. Sie sind durch die Stichworte Korrelation und Regression gekennzeichnet.

Es ist eine Frage des Standpunktes, ob man die lockere Form des stochastischen Zusammenhangs als Ausdruck prinzipiell unterdrückbarer Meßfehler oder überhaupt als eine mangelnde Determiniertheit naturgegebener Vorgänge auffassen will. Letzterer Gesichtspunkt spielt bei quantenstatistischen Erscheinungen eine Rolle.

---

*) Als stochastisch werden ganz allgemein zufallsbedingte Erscheinungen bezeichnet. Stochastik: Wahrscheinlichkeitsrechnung, mathemat. Statistik und verwandte Gebiete.

1.4.1. Korrelation und Korrelationsanalyse

(I) Veranschaulichung der Korrelation zweier Größen

Nehmen wir an, bei N unter gleichen Bedingungen ausgeführten Messungen seien jeweils x und y bestimmt worden. Jede dieser Größen möge statistisch streuende Werte liefern, die man, getrennt für x und y, nach den vorn behandelten Gesichtspunkten beurteilen kann. Der Einfachheit halber sei angenommen (das ist aber nicht notwendig), daß x und y annähernd normalverteilt seien. Die Häufigkeiten mögen beispielsweise wie in Abb. 1.24a. darzustellen sein. Für unsere augenblickliche Fragestellung sagt ein solches Bild nicht viel aus. Ein Zusammenhang zwischen x und y kann sich in ihm jedenfalls nicht bemerkbar machen, weil die gegenseitige Zuordnung – welches x mit welchem y *zugleich* gemessen wurde – unterdrückt wird. Gerade diese Information ist aber ausschlaggebend. Sie geht nicht verloren in der Darstellungsweise von Abb. 1.24b., bei der zusammengehörige (x, y)-Paare in ein kartesisches System eingetragen werden. Wie wesentlich

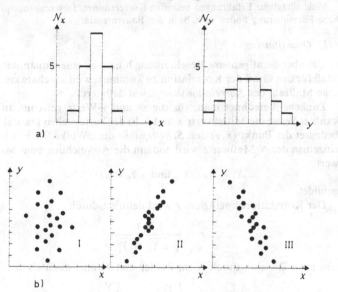

a)

b)

Abb. 1.24. Gleichzeitige Messung von zwei Größen x und y ($N = 20$ Einzelversuche). a) Häufigkeitsverteilung von x und y; b) verschiedene $x - y$-Punktwolken, alle mit der in a) dargestellten Häufigkeitsverteilung

die Information über die gegenseitige Zuordnung ist sieht man daran, daß sich – trotz gleicher Häufigkeitsverteilungen der Einzelwerte – in der kombinierten $x-y$-Darstellung ganz verschiedenartige „Punktwolken" ergeben können.

Indem man die Punktwolken auf die x- resp. y-Achse projiziert und die Zahl der Punkte abzählt, findet man in allen 3 Fällen der Abb. 1.24.b. wieder die Häufigkeitsverteilungen der Abb. 1.24.a.

Aus der Form der Punktwolken wird man folgern: Die ungeordnete, flächige Wolke I) gibt keinerlei Hinweise auf einen Zusammenhang zwischen x und y. Die gestreckten Wolken II) und III) lassen eine stochastische Abhängigkeit erkennen. In II) haben offensichtlich beide Variable die Tendenz, sich überwiegend gleichsinnig (kovariant) zu ändern, in III) bevorzugen sie eine gegensinnige (kontravariante) Änderung. Solche mehr oder weniger ausgeprägten, aber nicht zwingenden Abhängigkeiten bezeichnet man ganz allgemein als *Korrelationen*.

Viele alltägliche Erfahrungen betreffen Korrelationen. Ihre umgangssprachliche Formulierung finden sie z. B. in den Bauernregeln.

(II) Quantitatives

Um über die allgemeine Beschreibung hinaus zu einem quantitativen Maß für den Grad der Korrelation zu kommen, wird als charakteristische Maßzahl der *Korrelationskoeffizient* definiert.

Zunächst berechnet man, für die x- und y-Werte getrennt, in bekannter Weise die Mittelwerte $\bar{x}$ und $\bar{y}$. In der kartesischen Darstellung bedeutet der Punkt $(\bar{x}, \bar{y})$ den *Schwerpunkt* der „Wolke". – Für jeden einzelnen der N Meßwerte wird sodann die Abweichung vom Mittelwert

$$X_i = x_i - \bar{x} \quad \text{und} \quad Y_i = y_i - \bar{y}$$

gebildet.

Der Korrelationskoeffizient r wird definiert durch

$$r = \frac{\Sigma X_i Y_i}{\sqrt{\Sigma X_i^2 \cdot \Sigma Y_i^2}}, \qquad [58a]$$

was nach Division durch N im Zähler und Nenner auch als

$$r = \frac{\overline{XY}}{\sqrt{\overline{X^2} \cdot \overline{Y^2}}} = \frac{\overline{XY}}{s^{(x)} s^{(y)}} \, {}^*) \qquad [58b]$$

geschrieben werden kann.

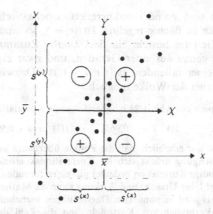

Abb. 1.25. Zur Erläuterung der Korrelation zweier Größen x und y. Nullpunkt des Systems $X - Y$ bei den Mittelwerten $\bar{x}$ resp. $\bar{y}$. Vorzeichen in den Quadranten gehören zum Produkt XY

Um eine geometrische Veranschaulichung der Definition zu geben, sei Abb. 1.25. betrachtet. In den „Schwerpunktskoordinaten" X, Y sind vier Quadranten zu unterscheiden, in denen das Produkt $X_i Y_i$ teils positiv, teils negativ ist (während X_i^2 und Y_i^2 und somit der Nenner von r stets positiv sind). Bei der Summation oder Mittelwertbildung, die den Zähler von r ergibt, können sich Beiträge verschiedenen Vorzeichens mehr oder weniger kompensieren. Das ist bei flächigen Punktwolken weitgehend der Fall (wie I) in Abb. 1.24.b), und daher wird $r \approx 0$. Liegen die Punkte aber vorwiegend in den $\oplus$-Quadranten, wie bei II), so wird r positiv, liegen sie in den $\ominus$-Quadranten wie bei III), so wird r negativ.

Der Nenner von r ist ein Maß für die Fläche der $x - y$-Ebene, in der die Punktwolke zu ihrem überwiegenden Teil liegt. Er dient erstens dazu, r dimensionslos zu machen, zweitens zur Normierung, so daß nur Werte $r = -1 \ldots +1$ herauskommen können.

---

*) Die empirischen Standardabweichungen, die nach Gl. [44] getrennt für die x- und y-Werte zu berechnen sind, werden durch hochgestellte Indizes unterschieden: $s^{(x)}$ und $s^{(y)}$. Die zweite Form des Zählers bedeutet das Mittel aller $X_i Y_i$, nämlich:

$$\overline{XY} = \frac{(x_1 - \bar{x})(y_1 - \bar{y}) + \ldots (x_N - \bar{x})(y_N - \bar{y})}{N}$$

Ist $r = 0$, so sind x und y unkorreliert (stochastisch unabhängig); die Punktwolke ist flächig-regellos. Ist $|r| = 1$, so sind x und y vollständig korreliert (es besteht ein *funktionaler* Zusammenhang). Die Punkte liegen genau auf einer Geraden, und zwar einer steigenden, falls $r = +1$, einer fallenden, falls $r = -1$ ist. Dazwischen sind alle Übergangsformen der Wolke möglich.

Die drei Beispiele aus Abb. 1.24.b haben folgende Korrelationskoeffizienten:

I) $r = +0,029$, II) $r = +0,965$, III) $r = -0,905$.

Für $|r| = 1$ ist nur erheblich, daß die Punkte überhaupt auf einer Geraden liegen. Deren Steigung drückt sich im Korrelationskoeffizienten nicht aus! Auch vollständige Korrelation bedeutet nur einen formalen, keinen kausalen Zusammenhang! Über Ursache und Wirkung kann die Mathematik keine Auskunft geben. Das wird in populären Darstellungen manchmal hintangestellt. Der Pro-Kopf-Verbrauch von Kartoffeln und die Zahl der Legastheniker mögen noch so stark (kontravariant) korreliert sein, eine Leseschwäche-Therapie läßt sich daraus nicht ableiten.

Andererseits gibt es oft gute Gründe, einen kausalen Zusammenhang zu vermuten. Man argumentiert etwa: Wenn x und y auf Grund unbekannter Störeinflüsse dazu neigen, sich gleichsinnig zu ändern, so ist jedenfalls nicht auszuschließen, daß sich y änderte, *weil* x sich (durch eine zufallsbedingte Störung) änderte. Ebenso könnte auch die umgekehrte Abhängigkeit vermutet werden. Solange jedoch Störeinflüsse unkontrolliert auf beide Meßgrößen einwirken, läßt sich über die Berechtigung derartiger Vermutungen gar nichts sagen. Man muß dazu schon experimentelle Änderungen vornehmen (die Frage an die Natur präziser stellen) und die unkontrollierten Änderungen nach Möglichkeit in kontrollierte verwandeln.

Um auf ein naturwissenschaftliches Beispiel zurückzukommen: Angenommen, man mißt eine Leitfähigkeit ohne Temperaturkonstanthaltung, so wird man immer die zwei Größen Leitfähigkeit und momentane Temperatur zugleich ablesen. Findet sich eine Korrelation zwischen beiden, so wird man ein besseres Experiment machen, bei dem (α) die statistischen Schwankungen einer der Größen (sagen wir, der Temperatur mit Hilfe eines Thermostaten) soweit reduziert werden, daß man diese Größe nun als fehlerfrei ansehen kann, und (β) diese Größe jetzt systematisch und gezielt über einen gewissen Bereich verändert wird. Fehlerhaft bleibt noch die zweite Größe. Die Auswertung solcher Messungen betrachten wir im folgenden Abschnitt.

1.4.2. Lineare Regression und Allgemeines über Ausgleichsrechnung

Unter Regression versteht man in der Statistik das Vorgehen, einen stochastischen Zusammenhang durch einen funktionalen Zusammenhang zu *beschreiben*, indem man einer Punktwolke ein „Rückgrat" einzieht. Die Regressionslinie soll keinen strengeren Zusammenhang vortäuschen, sondern nur in knappen Worten (nämlich durch eine Formel) zu sagen gestatten, welche Tendenz der stochastischen Abhängigkeit im Großen und Ganzen innewohnt. In gewissen, vernünftigen Grenzen kann man die Form des Rückgrates von vornherein vorschreiben und es dann der Punktwolke so gut wie möglich anzupassen suchen. Am einfachsten (aber, wie gesagt, nicht unabdingbar) ist sein Ansatz als Gerade („lineare Regression"). In allgemeinen Fällen wie denen der Abb. 1.24.b kann man nach verschiedenen Gesichtspunkten Kriterien angeben, die geeignete Geraden auszuwählen gestatten. Darauf gehen wir nicht ein, sondern fassen sogleich den am Ende des vorigen Abschnitts hervorgehobenen, für die Anwendungen besonders wichtigen Spezialfall ins Auge, daß nämlich der Wirkungsbereich der statistischen Störeinflüsse auf eine der beiden Variablen beschränkt ist.

Im folgenden betrachten wir x und y nicht mehr als gleichwertige statistische Variable. Eine von ihnen – wir nehmen an, es sei x – möge nicht zufällig, sondern beabsichtigt den vorgefundenen Wert haben. Wir setzen damit x als eine (jedenfalls im Vergleich zu y) praktisch fehlerfrei gegebene, unabhängig variable „Einflußgröße" voraus. Von y sei schon bekannt, daß es mit x korreliert ist, daß es also eine – wenn nicht funktional, so doch stochastisch – von x abhängige Variable („Zielgröße") ist, die statistische Einflüsse widerspiegelt. Wir vermuten jedoch, daß die „wahren" y-Werte *funktional* von x abhängen und daß dieser Zusammenhang lediglich unter den statistisch bedingten Unsicherheiten verborgen ist.

Nach welchen Gesichtspunkten kann man einer von derartigen Variablen gebildeten Punktwolke (Abb. 1.26.) eine Regressionsgerade als Rückgrat anpassen? Wegen der stochastischen Anteile ist die Gerade in gewissen Grenzen beweglich. Nach Augenmaß eine „schöne"

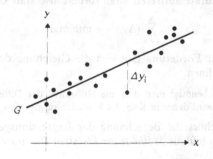

Abb. 1.26. Ausgleichsgerade (G) durch Meßpunkte (Ergebnisse von Einzelmessungen); nur y-Werte fehlerhaft

Gerade zu zeichnen, ist kein mathematisch vertretbares Vorgehen. Man hat sich zunächst Kriterien zu überlegen, nach denen man unter vielen möglichen eine (im statistischen Sinne) „beste" Gerade aussuchen kann.

(I) Die Methode der kleinsten Quadrate

Es seien N Messungen von Wertepaaren (x_i, y_i) ausgeführt worden mit verschiedenen (voraussetzungsgemäß fehlerfreien) x_i und streuenden y_i (Abb. 1.26.). Wir wählen eine zunächst beliebige Gerade G. Jeder Meßpunkt y_i weicht von ihr um eine individuelle Differenz Δy_i ab, welche positiv ist, wenn der Punkt über der Geraden liegt, und negativ im gegenteiligen Fall. Läuft die Gerade mitten durch die Punktwolke, so werden sich positive und negative Δy_i in summa teilweise kompensieren. Das legt es nahe, die Regressionsgerade der Forderung

$$\sum_{i=1}^{N} \Delta y_i = 0 \qquad [59]$$

zu unterwerfen, nach der sich alle Abweichungen vollständig kompensieren würden*).

Diese Forderung wird aber zugunsten einer anderen gewöhnlich nicht erhoben. Es ist vielmehr aus theoretischen und praktischen Gründen zweckmäßiger, sich an den Abweichungs*quadraten* $(\Delta y_i)^2$ zu orientieren. Diese sind naturgemäß alle positiv und jedenfalls nicht alle Null, solange nicht alle Punkte auf einer Geraden liegen; das wäre aber gerade der Grenzfall einer funktionalen Abhängigkeit, den wir momentan nicht erwarten. Immerhin kann man die besten Gerade dadurch hervorheben, daß bei ihr in summa die *geringsten* Abweichungsquadrate auftreten. Man fordert also statt Gl. [59], daß

$$\sum_{i=1}^{N} (\Delta y_i)^2 = \text{minimal} \qquad [60]$$

sei. Aus dieser Forderung läßt sich die Gleichung der Regressionsgeraden berechnen.

Im einzelnen benötigt man dazu die Hilfsmittel der Differentialrechnung. Das Verfahren wird daher in Kap. 3.4.3. wieder aufgegriffen.

Man bezeichnet die Berechnung der Regressionsgeraden aus der Forderung Gl. [60] als *Methode der kleinsten Quadrate*.

---

*) Daher übrigens die Bezeichnung der Regressionsgeraden als „Ausgleichsgerade" und die der ganzen Problematik als „Fehlerausgleichung".

Diese Methode ist von außerordentlicher Bedeutung nicht nur im Rahmen der hier behandelten linearen Regression, sondern in allen Fragen des Fehlerausgleichs. Ganz allgemein kann man eine Punktwolke auch durch andere als lineare mathematische Beziehungen zu beschreiben versuchen. Stets ist das Problem, die „beste" Form der Funktion ausfindig zu machen, d. h. eine dem Typ nach gegebene Funktion durch Änderung von Parametern an die Meßergebnisse *anzupassen* (zu fitten). Stets wird die *Ausgleichs-* oder *Anpassungs-Funktion* durch die Forderung Gl. [60] ausgewählt.

Die beiden Forderungen, Gl. [59] und [60], führen zu ähnlichen, aber nicht identischen Ergebnissen. Das liegt daran, daß durch das Quadrieren die größeren Abweichungen Δy_i stärker ins Gewicht fallen, die Ausgleichsgerade daher so herauskommen wird, daß eher viele kleine Abweichungen als wenige große übrigbleiben. Diese Tendenz besteht bei Anwendung der Gl. [59] nicht.

Anmerkung: Die Einschränkung, daß x praktisch fehlerfrei sei, ist nicht notwendig. Auch der allgemeinere Fall zweier fehlerbehafteter Meßgrößen ist auf gleicher Basis zu behandeln.

(II) Ein Spezialfall der linearen Regression: Proportionalität

Bei allen Anpassungsrechnungen sind eine Anzahl zunächst *freier Parameter* vorhanden, über die erst verfügt wird, indem man ihnen nach der Methode der kleinsten Quadrate bestimmte Werte vorschreibt. Ein besonders einfacher Fall ist die lineare Regression mit nur *einem* verfügbaren Parameter, der Geradensteigung.

Wir nehmen an, daß aus sachlichen Gründen $y = 0$ sein *müsse*, falls $x = 0$ (Beispiel: Strom und Spannung). Dann ist die Ausgleichsgerade von der allgemeinen Form einer Proportionalität zwischen x und y, also

$$y = ax.$$

Es bleibt die Aufgabe, an Hand der vorliegenden Meßwerte den verfügbaren Parameter a festzulegen. In diesem Fall führt ausnahmsweise die Methode der kleinsten Quadrate (sofern man noch eine bestimmte Gewichtung der Einzelwerte einführt; Gl. [145b]) zum gleichen Ergebnis wie die Anwendung von Gl. [59]. Wir gehen deshalb von der letzteren aus.

Zu jedem x_i wurde ein y_i gemessen. Die (noch festzulegende) Gerade ergäbe an der gleichen Stelle x_i den y-Wert ax_i; die Abweichung des gemessenen y_i von der Geraden wäre also

$$\Delta y_i = y_i - ax_i.$$

Nach Gl. [59] sollte

$$\Sigma \Delta y_i = \Sigma (y_i - a x_i)$$
$$= \Sigma y_i - a \Sigma x_i$$
$$= 0$$

sein, was nichts anderes als eine Gleichung für das gesuchte a darstellt, nämlich

$$a = \frac{\Sigma y_i}{\Sigma x_i}. \qquad [61]$$

Im Prinzip genügte natürlich ein Meßpunkt, um die Geradengleichung aufzustellen; doch von einer *Ausgleichs*rechnung kann dann keine Rede sein. Diese hat ganz allgemein nur Sinn, wenn die Gleichungen für die gesuchten Parameter überbestimmt sind, wenn man also *mehr Meßpunkte* vorliegen hat, *als Parameter* festzulegen sind (hier: mehr als 1 Meßpunkt).

Die Güte der Anpassung beurteilt man nach der sog. *Restvarianz*, welche entsprechend Gl. [44]

$$s^{(y)2} = \frac{\Sigma (y_i - a x_i)^2}{f}$$

ist (der Nenner ist wieder die Zahl der Freiheitsgrade: Bei einer Geraden durch den Nullpunkt, wie hier, ist $f = N - 1$, bei einer beliebigen Geraden $f = N - 2$). Die Methode der kleinsten Quadrate besteht, mit anderen Worten, darin, die Restvarianz zu minimieren. Die Bedeutung der Varianz ist auch im vorliegenden, etwas allgemeineren Falle die gleiche wie früher: Sie gibt uns ein Maß ab für die statistisch bedingten Unsicherheiten. So kann man sagen: Die Methode der kleinsten Quadrate liefert die Anpassung mit dem – im Sinne der statistischen Theorie – kleinstmöglichen Fehler. Darin liegt ein Grund, Gl. [60] gegenüber Gl. [59] zu bevorzugen.

(III) Aussagewert der Ausgleichsgeraden bei Berücksichtigung der Meßfehler; graphische Darstellungen

Die Wolke, für die wir vorstehend die lineare Regression betrachteten, bestand aus lauter *einzeln* gemessenen Punkten. Wohl haben wir angenommen, daß y fehlerhaft ist, haben aber kein Maß für diesen Fehler. Durch ein anderes experimentelles Vorgehen wollen wir uns nun auch eine Fehlerabschätzung verschaffen.

Zu diesem Zwecke denken wir uns, bei jedem festen x_i, die Messung von y_i mehrfach wiederholt. Graphisch dargestellt, ergeben die Einzelwerte ein Bild wie Abb. 1.27a. Aus den jeweils zusammengehörigen y-Werten berechnen wir den Mittelwert und seinen Fehler nach Kap. 1.2.2. Die graphische Darstellung wird übersichtlicher, wenn man diesen *Mittelwert* als *Meßpunkt*, seinen *Vertrauensbereich* als *Fehler-*

balken zeichnet, so wie in Abb. 1.27b. Zugleich haben wir jetzt eine verbesserte Art von Punktwolke, die diesen Namen schon nicht mehr verdient: Der statistische Unsicherheitsbereich jedes Punktes ist bekannt.

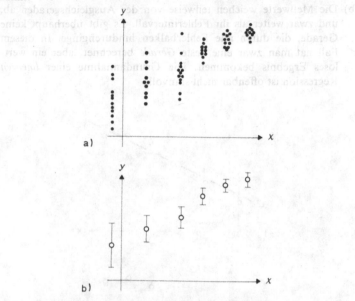

Abb. 1.27. Meßergebnis bei fehlerfreiem x und fehlerhaftem y; bei jedem x-Wert mehrere y-Messungen. Darstellung: a) Einzelergebnisse, b) Mittelwerte mit Fehlerbalken

Man zeichnet die Fehlerbalken gewöhnlich so groß, daß sie den Gesamtfehler repräsentieren, nimmt also auch die systematischen Unsicherheiten mit auf.

Wenn man für eine derartige Messung die Regressions-(Ausgleichs-) Gerade berechnet*) und in die Darstellung nach Abb. 1.27.b einträgt, ist eine Beurteilung ihrer „Güte" im Hinblick auf die Meßgenauigkeit möglich. Es können sich verschiedene Fälle ergeben, die in Abb. 1.28. gezeigt sind:

---

*) Man kann zum Zwecke der Rechnung von den Einzelwerten, also den Punkten der Abb. 1.27.a, ausgehen, oder aber von den Mittelwerten, also den Punkten der Abb. 1.27.b. Man erhält dasselbe Ergebnis, vorausgesetzt allerdings, daß jeder der *Mittelwerte von der gleichen Anzahl von Einzelwerten* her-

a) Die Gerade geht durch alle Fehlerbalken hindurch. Man sieht, daß die „beste" Gerade nur eine unter vielen möglichen ist, die ebenfalls *innerhalb der Fehlergrenzen mit den Meßergebnissen verträglich* wären.

b) Die Meßwerte weichen teilweise von der Ausgleichsgeraden ab, und zwar weiter als ihr Fehlerintervall. Es gibt überhaupt keine Gerade, die durch alle Fehlerbalken hindurchginge. In diesem Fall hat man zwar eine beste *Gerade* berechnet, aber ein wertloses Ergebnis bekommen: Die Grundannahme einer *linearen* Regression ist offenbar nicht sinnvoll.

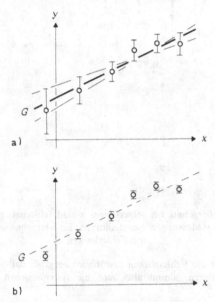

Abb. 1.28. Beurteilung einer Ausgleichsgeraden mit Rücksicht auf die Meßfehler. a) Akzeptabel, b) nicht akzeptabel

rührt. Dann ist es natürlich einfacher, die Mittelwerte als Ausgangsmaterial zu nehmen. (Wenn zu jedem Mittelwert verschieden viele Einzelwerte beitragen, bekommen erstere unterschiedliches statistisches Gewicht. Ohne seine Berücksichtigung werden sich aus den Einzelwerten und aus den Mittelwerten etwas verschiedene Geraden ergeben. Solche feineren Unterschiede können wir hier unter den Tisch fallen lassen, wo es um die Frage geht, ob die lineare Regression überhaupt einen Sinn hat.)

In diesem Fall kann nach der Methode der kleinsten Quadrate versucht werden, eine andere mathematische Funktion an die Meßwerte anzupassen. Die Beurteilungskriterien bei Berücksichtigung der Fehler bleiben die gleichen.

Man sieht, daß die formale Rechnung nicht selbsttätig ein sinnvolles Ergebnis liefert. Es ist ein entscheidendes Kriterium für die Brauchbarkeit einer Ausgleichsfunktion, daß sie *im Rahmen der Meßfehler* mit *allen* Ergebnissen verträglich sein muß. Nur dann kann man sagen, die Funktion beschreibe die Meßergebnisse.

Je kleiner die Meßfehler, desto präziser läßt sich die beschreibende mathematische Funktion eingrenzen.

1.4.3. Der funktionale Zusammenhang als Abstraktion

Mit der meßtechnischen Verbesserung eines Experiments verringern sich die statistischen und systematischen Fehler, die Fehlerbalken schrumpfen, und eine Ausgleichskurve durch die Meßwerte – die nicht unbedingt eine Gerade sein muß, ja meistens auch nicht ist – läßt sich in ihrer mathematischen Formulierung zuverlässiger festlegen und gewinnt zunehmend an Präzision der Aussage.

Aber was sagt sie eigentlich aus? Sicherlich ersetzt sie die Wertetabelle des Meßprotokolls, da sie die Werte jederzeit zu reproduzieren gestattet – indes: daß die Meßergebnisse rechnerisch wieder mit dem Wert herauskommen, den man in die Ausgleichsrechnung zuvor eingegeben hat, ist erfreulich, aber trivial. Man erwartet ja von der mathematischen Beschreibung des Zusammenhangs stillschweigend auch mehr, nämlich daß sie auch für zuvor nicht untersuchte Werte der Variablen „stimmt". Nur dann kann sie, über den Zweck einer knappen Beschreibung einzelner Meßergebnisse hinaus, so etwas wie allgemeinere Verbindlichkeit beanspruchen. Man verlangt, mit anderen Worten, die Gültigkeit der Formulierung für den ganzen kontinuierlichen Variablenbereich zwischen den Einzelwerten (*Interpolation*) und außerhalb ihres Bereichs (*Extrapolation*).

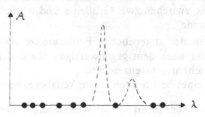

Abb. 1.29. Absorption *A*, punktweise bei einzelnen Wellenlängen λ gemessen

Ob die mathematische Formulierung diesem Verlangen genügen kann, ist eine kritisch zu stellende Frage. Es gibt keine mathematischen Gründe, denen zufolge Interpolation oder Extrapolation notwendigerweise die zutreffenden Meßergebnisse voraussagen müßten. Nur durch Experimente läßt sich die Übereinstimmung nachweisen.

Beispiel (α): Die optische Absorption einer Substanz sei punktweise bei einigen Wellenlängen gemessen und zu Null gefunden worden (Abb. 1.29.). Trotzdem ist die lineare Interpolation („überall Null") nicht zulässig; zwischen den diskreten Meßwerten kann durchaus noch eine Absorptionslinie unentdeckt geblieben sein. Kontinuierliche Variation der Wellenlänge über den ganzen Bereich ist also notwendig.

Beispiel (β): Durch eine große Zahl genauer Messungen war seit Jahrhunderten gesichert, daß die kinetische Energie dem Geschwindigkeitsquadrat proportional ist (Abb. 1.30.). Dennoch hat es sich in den letzten Jahrzehnten gezeigt, daß eine beliebige Extrapolation dieser Beziehung nicht zulässig ist; sie gilt nicht mehr, wenn man zu sehr hohen Geschwindigkeiten (nahe der Lichtgeschwindigkeit) kommt.

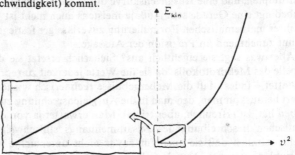

Abb. 1.30. Kinetische Energie E_{kin} in Abhängigkeit von der Geschwindigkeit v.
Ausschnitt: „Klassischer" Bereich, $E_{kin} \sim v^2$

Die mathematische Formulierung eines naturwissenschaftlichen Zusammenhanges ist daher immer eine nur mit kritischen Vorbehalten mögliche Abstraktion. Man kann nur sagen: Der funktionale Zusammenhang zwischen zwei Größen x und y beschreibt die experimentellen Befunde

(α) im Rahmen der angegebenen Fehlergrenzen, vielleicht auch im Rahmen der nach dem gegenwärtigen Stand der Experimentierkunst erreichbaren Grenzen, und

(β) innerhalb eines bestimmten Gültigkeitsbereiches *).

---

*) Dazu *Busch*: Stets äußert sich der Weise leise, vorsichtig und bedingungsweise.

Die funktionale Beschreibung ist infolgedessen oft nicht in einer unumstößlichen Form möglich. Es gibt viele Beispiele, wo die gleichen experimentellen Sachverhalte durch verschiedene mathematische Funktionen in gleich befriedigender Weise beschrieben werden. Eine Auswahl ist hier nur mit Hilfe der Theorie des betreffenden Fachgebietes denkbar, falls sich nicht ein experimentum crucis anstellen läßt.

Die in diesem Kapitel behandelten Probleme haben deutlich gemacht, welcher unerwartet hindernisreiche Weg vom einfachen Meßwert zur Beschreibung seiner Abhängigkeiten in Form eines funktionalen Zusammenhangs führt. Man sollte die erörterten Gesichtspunkte im Auge behalten, auch wenn wir bei dem nun folgenden Griff in den Fundus bewährter mathematischer Formalismen nicht mehr ausdrücklich darauf zurückkommen.

2. Funktionen

2.1. Über mathematische Funktionen und ihre Darstellung

2.1.1. Allgemeines und Terminologisches

(I) Der Funktionsbegriff

Unter einer Funktion versteht man in der Mathematik etwas recht allgemeines: *Eine Funktion ist eine Vorschrift, durch die jedem Element einer Menge ein Element einer anderen Menge zugeordnet wird.*

Elemente sind in diesem Zusammenhang irgendwelche Objekte der Anschauung oder des Denkens. Wie man sieht, ist die mathematische Definition abstrakt und nicht auf spezielle Anwendungsbedürfnisse zugeschnitten. Wenn wir bisher von einem funktionalen Zusammenhang sprachen, haben wir stillschweigend einen Zusammenhang zwischen *Meßgrößen* gemeint. Darauf wollen wir den Begriff „Element" auch weiterhin einschränken. Zugleich beschränken wir uns einstweilen auf reelle Zahlenwerte.

Wir sagen, y hänge von x funktional ab, wenn für gewisse Werte x oder einen gewissen Bereich der x (*Definitionsbereich*) jedem x ein Wert y zugeordnet ist. Die y bilden zusammen den *Wertebereich* der Funktion. Man schreibt

$$y = f(x) \quad \text{oder} \quad y = y(x) \qquad [62]$$

und bezeichnet im gleichen Sinne, wie wir ihn bei der Diskussion der linearen Regression annahmen, x als *unabhängige Variable* („Argument") und y als (von x) *abhängige Variable*.

Diese Unterscheidung ist nur vordergründig. Sie sagt, wie schon betont wurde, nichts darüber aus, ob und wie die Größen *kausal* voneinander abhängen. Beispielsweise kann man im Zusammenhang zwischen Strom und Spannung (*Ohm*sches Gesetz) je nach Standpunkt Strom oder Spannung als unabhängige (d. h. experimentell vorzugebende) Variable ansehen, also

$$U = RI, \quad \text{d. h.} \quad U = U(I), \quad \text{oder}$$

$$I = \frac{1}{R} U, \quad \text{d. h.} \quad I = I(U)$$

schreiben.

Die im naturwissenschaftlichen Bereich vorkommenden Funktionen sind im allgemeinen, so wie im eben angeführten Beispiel, *umkehrbare Funktionen*. Man kann also von

$$y = f(x)$$

durch Auflösen der Gleichung nach x übergehen zur Umkehrfunktion

$$x = \varphi(y). \tag{63a}$$

Meist geht man, um die gewohnte Schreibweise ($y = \ldots$) wieder herzustellen, noch einen Schritt weiter und vertauscht die Benennungen der beiden Variablen, bezeichnet also

$$y = \varphi(x) \; {}^*) \tag{63b}$$

als Umkehrfunktion zu $y = f(x)$.

Ob sich die Umkehrung rechnerisch bewerkstelligen läßt, ist eine Frage, die sich nicht generell beantworten läßt: Die *Existenz* der Funktion sagt noch nichts darüber aus, ob sie als *Gleichung* formulierbar ist!

Wir nehmen noch einmal Bezug auf das *Ohm*sche Gesetz. Schreibt man: $U = f(I)$, so bedeutet das Zeichen „f": Multipliziere das Argument mit R. Die Umkehrfunktion ist als $I = \varphi(U)$ zu schreiben, wobei das Zeichen „φ" bedeutet: Dividiere das Argument durch R. Das sind zwei verschiedene Vorschriften, folglich muß man auch verschiedene Zeichen (f und φ) verwenden, um Verwechslungen auszuschließen.

Generell ist an einer Funktion immer ihr abstrakter Inhalt wichtig, nämlich die darin formulierte Vorschrift, nicht aber die Bezeichnung der Variablen, die man als Argument einsetzt. Wenn $f(x) = x^2$ ist, dann ist auch $f(\blacktriangledown) = \blacktriangledown^2$ dieselbe Funktion (egal, was $\blacktriangledown$ eigentlich für eine Größe ist).

Um bei diesem Beispiel zu bleiben: $y = f(x) = x^2$ ist für alle $x = -\infty \ldots +\infty$ definiert. Die Umkehrfunktion ist nach Vertauschen der Variablenbezeichnungen $y = \pm\sqrt{x}$. Diese ist nur für $x = 0 \ldots +\infty$ definiert (da wir uns auf reelle Variable beschränken wollen) und überdies nicht eindeutig (jedem x sind 2 Werte y zugeordnet).

Dem laxen Sprachgebrauch der Naturwissenschaftler folgend, wollen wir eine Eindeutigkeit der funktionalen Zuordnungsvorschrift

---

*) Das Kurvenbild dieser Umkehrfunktion bekommt man – wenn man von den Maßeinheiten absieht, also x und y als reine Zahlen betrachtet –, indem man das Bild der Ausgangsfunktion um 90° nach links dreht und von hinten oder im Spiegel betrachtet. Das ist einer Spiegelung an der 45°-Geraden gleichwertig.

nicht verlangen und gegebenenfalls von *eindeutigen* oder *mehrdeutigen Funktionen* sprechen *).

Die Definition der Funktion läßt sich dahingehend verallgemeinern, daß die abhängige Variable von *mehreren unabhängigen Variablen* abhängt. Es wäre also

$$y = f(x_1, x_2 \ldots x_n) \quad \text{oder}$$
$$y = y(x_1, x_2 \ldots x_n) \qquad \qquad \qquad [64]$$

eine Funktion von n Variablen. Speziell im Falle zweier Variabler nennt man diese oft x und y, die abhängige Variable z und schreibt

$$z = f(x, y).$$

Im Beispiel des *Ohm*schen Gesetzes wurde, ohne es besonders zu erwähnen, R als Konstante angesehen. Das ist nicht notwendig; man kann z. B. R als variablen Drehwiderstand ausführen. Dann hängt U von den *zwei* unabhängigen Variablen I und R ab: $U = U(I, R)$.

(II) Darstellung von Funktionen

Die funktionale Zuordnungsvorschrift $y = f(x)$ kann in verschiedener Weise zu Papier gebracht werden.

(α) In Form einer numerischen Werte-Zuordnung.

Ein typisches Beispiel sind die Wertetabellen, wie man sie bei Messungen aufstellt. Diese enthalten nur ausgewählte Funktionswerte; um die Funktion hinreichend genau zu beschreiben, sollten sie so dicht liegen, daß man Zwischenwerte im Rahmen der Meßfehler durch lineare Interpolation berechnen kann. In diesem Sinne kann man mittels diskreter Tabellenwerte dennoch auch kontinuierliche Variable erfassen.

Zu dieser Darstellungsform können wir auch noch Vorschriften zählen wie:

$y = 1$ für alle $x \leqslant 0$,
$y = 0$ für alle $x > 0$ („Abschaltfunktion"),

oder etwas praxisferner:

$y = 1$ für alle $x = 1/n$ (n ganz),
$y = 0$ für alle anderen x.

---

*) In mathematisch strenger Fassung hingegen verlangt die eingangs gegebene Definition des Begriffs „Funktion" (oft auch als „Abbildung" bezeichnet) eine *eindeutige* Zuordnungsvorschrift. Danach wäre $y = x^2$ eine Funktion, $x = \pm\sqrt{y}$ aber nicht. Für den Anwender von Mathematik, der lediglich den Zusammenhang zweier Größen x und y beschreiben will, stellen jedoch beide Gleichungen denselben Sachverhalt dar; daher seine Neigung, für beide mit einem Begriff auszukommen.

(β) In Form einer graphischen Darstellung.

In einem kartesischen $x-y$-System ergibt die Funktion einen Kurvenzug. In dieser Form fallen experimentelle Daten bei kontinuierlicher Änderung einer Variablen häufig an (Meßgeräte mit Schreiber, Oszillograph).

(γ) In Form einer Gleichung (sog. *analytische Darstellung*).

Beispiele: $y = ax$; $y = \cos ax$ etc. Dies ist die beliebteste und für allgemeine Rechnungen unentbehrliche Form. Aber nicht immer läßt sich für einen experimentell gesicherten Zusammenhang auch eine analytische Darstellung finden; mitunter ist man darauf angewiesen, eine analytische Darstellung als Näherung (Approximation) anzusetzen, die nur mit begrenzter Genauigkeit oder nur für einen begrenzten Wertebereich gültig ist.

Manche Funktionen lassen sich in alle drei Darstellungsformen bringen, andere nicht.

(III) Explizite und implizite analytische Darstellung

Die Funktion

$$y = +\sqrt{x}$$

könnte man auch schreiben

$$y - \sqrt{x} = 0$$

oder

$$y^2 - 2y\sqrt{x} + x = 0.$$

Alle diese Gleichungen besagen dasselbe und sind Darstellungen der *gleichen Funktion*. Man bezeichnet die erste Form

$$y = f(x)$$

als *explizite*, die beiden folgenden Formen, für die man allgemein

$$F(x,y) = 0 \qquad\qquad [65]$$

schreibt, als *implizite* analytische Darstellung.

Die implizite Form ist die allgemeinere; sie läßt sich nicht immer in eine explizite auflösen. Beispielsweise ist das nicht möglich, wenn höhere Potenzen von y auftreten. So läßt sich die implizit gegebene Funktion

$$ay^3 + by^2 + cxy + x^2 = 0$$

nicht nach y, wohl aber nach x auflösen. Eine geschlossene analytische Darstellung $y = f(x)$ ist also nicht möglich, dagegen die Darstellung der Umkehrfunktion in expliziter Form: $x = \varphi(y)$.

(IV) Parameterdarstellung

Wenn der Oszillograph oder ein registrierendes Meßgerät eine Kurve schreibt, setzt sich die Schreibbewegung aus einer x- und einer y-Komponente zusammen. Beispielsweise laufe x linear mit der Zeit t ab, $x = c_1 t$, und y stelle eine schwingende Größe dar: $y = c_2 \cos \omega t$ (c_1 und c_2 sowie ω sind Konstante, x, y und t Variable). Im Endergebnis sieht man nicht mehr, wie die Kurve im Laufe der Zeit entstand, sondern nur noch den $x - y$-Zusammenhang. Er ergibt sich, indem man die nicht gefragte Variable t eliminiert und die beiden Gleichungen zu einer, nämlich $y = c_2 \cos (\omega/c_1) x$, zusammenfaßt.

Wenn zwei Größen x und y beide von einer dritten, t, abhängen, also

$$\begin{aligned} x &= f(t) \quad \text{und zugleich} \\ y &= g(t) \end{aligned} \qquad [66]$$

ist, hängen mittelbar auch x und y zusammen. In bezug auf diese beiden Variablen nennt man Gl. [66] eine *Parameterdarstellung* ihres funktionalen Zusammenhangs.

Der Parameter t kann auch irgendeine andere Größe als die Zeit sein.

Läßt sich wenigstens eine der beiden Gleichungen nach t auflösen, so kann man t in die zweite einsetzen und dadurch eliminieren. Das muß nicht immer möglich sein; man sehe beispielsweise die gegen die Auflösbarkeit impliziter Funktionen genannten Gründe.

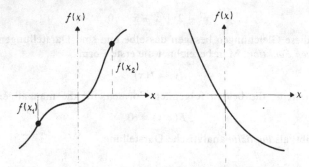

Abb. 2.1. Monoton steigende und monoton fallende Funktion

(V) Noch einige spezielle Kennzeichnungen

Neben den bisher genannten Merkmalen (wie Definitionsbereich, Ein- oder Mehrdeutigkeit) gibt es einige weitere, die hervorgehoben werden können.

84

Wenn für irgendwelche Werte x_1, x_2, wo $x_1 < x_2$ sein soll, im ganzen Definitionsbereich

$$f(x_1) \leqslant f(x_2) \qquad [67a]$$

ist, nennt man $f(x)$ *monoton steigend* (Abb. 2.1.). Ist überall

$$f(x_1) \geqslant f(x_2), \qquad [67b]$$

so heißt die Funktion *monoton fallend*. Das Gleichheitszeichen entspricht in der graphischen Darstellung stufenartigen Partien. Wenn es ausgeschlossen ist (also nur das $<$- oder $>$-Zeichen stehen), heißt die Funktion *streng monoton*.

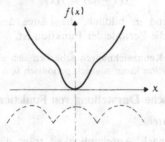

Abb. 2.2. Gerade Funktionen. Gestrichelt: Zugleich periodisch

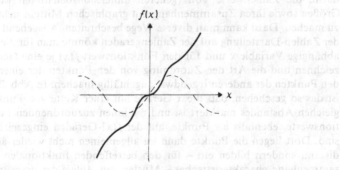

Abb. 2.3. Ungerade Funktionen. Gestrichelt: Zugleich periodisch

Manche Funktionen weisen eine gewisse Symmetrie auf, so daß man den Funktionsverlauf für negative x ausrechnen kann, wenn man den für positive kennt, und umgekehrt. Ist

$$f(x) = f(-x), \qquad [68a]$$

so heißt die Funktion *gerade*; ihre graphische Darstellung ist spiegel-symmetrisch zur y-Achse (Abb. 2.2.). Ist

$$f(x) = -f(-x), \qquad [68b]$$

so heißt die Funktion *ungerade*; ihre graphische Darstellung ist punkt-symmetrisch zum Nullpunkt (Abb. 2.3.).

In den beiden Abbildungen 2.2. und 2.3. finden sich auch Beispiele, bei denen sich ein Ausschnitt des Bildes in immer gleichbleibender Form längs der x-Achse wiederholt. Sie heißen *periodische Funktionen*. Bei ihnen ist

$$f(x \pm na) = f(x), \qquad [69]$$

wo $n = 0, 1, 2 \ldots$ und a, bildlich, die Länge des repetierten Aus-schnitts, allgemein die Periode der Funktion ist.

Die verschiedenen Kennzeichnungen schließen sich also nicht gegenseitig aus; eine gerade Funktion kann zugleich periodisch sein usw.

2.1.2. Die graphische Darstellung von Funktionen

(I) Darstellungsmittel

Dem Bedürfnis nach Anschaulichkeit trägt die graphische Dar-stellung von Funktionen am ehesten Rechnung. Die Aufgabe besteht darin, die Zahlenwerte von (generell dimensionsbehafteten Meß-) Größen sowie ihren Zusammenhang mit graphischen Mitteln sichtbar zu machen. Dazu kann man diverse Wege beschreiten. Ausgehend von der Zahlen-Darstellung auf der Zahlengeraden könnte man für die un-abhängige Variable x und für den Funktionswert $f(x)$ je eine Gerade zeichnen und die Art der Zuordnung von den Punkten der einen zu den Punkten der anderen irgendwie augenfällig machen. In Abb. 2.4.a ist das so geschehen, daß die x-Gerade mit einer Kette von Punkten gleichen Abstandes markiert ist und die ihnen zuzuordnenden Funk-tionswerte, ebenfalls als Punkte, auf der $f(x)$-Geraden eingezeichnet sind. Dort liegen die Punkte dann im allgemeinen nicht wieder äqui-distant, sondern bilden ein – für den betreffenden funktionalen Zu-sammenhang charakteristisches – Muster; ein *Abbild* der ursprüngli-chen Punktkette mit Verdichtungen, Verdünnungen, eventuell auch Umkehr der Reihenfolge *).

---

*) In Abb. 2.4.a ist angenommen, daß die Reihenfolge der Punkte x und der zugeordneten $f(x)$ gleich bleibt. Andernfalls würde man noch verdeutlichende Zuordnungslinien von den x-Punkten zu den $f(x)$-Punkten zeichnen (Pfeil-diagramm).

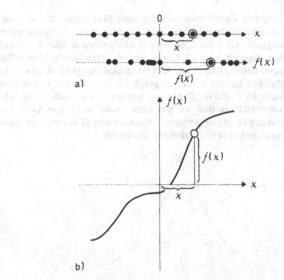

Abb. 2.4. Graphische Darstellung eines funktionalen Zusammenhangs (Funktion einer Variablen). a) Zuordnung von Punkten der beiden Zahlengeraden; b) kartesische Darstellung der gleichen Funktion

Dieser Weg führt indes bei komplizierteren Funktionen zu unübersichtlichen Darstellungen, und so verfährt man gewöhnlich wie schon bei den komplexen Zahlen: Die beiden Zahlengeraden werden gekreuzt, so daß man eine Darstellungs*ebene* bekommt. Wie in Abb. 2.4.b angedeutet, wird jetzt jedes Werte*paar* $(x, f(x))$ nur noch durch *einen* Punkt in der Ebene repräsentiert. Den aus der Menge aller Punkte resultierenden *Kurvenzug* sehen wir als Charakteristikum der Funktion an.

Wie man, von diskreten Variablen ausgehend, zu dieser Darstellungsweise kommt, haben wir vorn am Beispiel der Verteilungsfunktion gezeigt: Zunächst wurde die Häufigkeit als Länge einer schmalen Säule über dem Meßwert aufgetragen und schließlich nur noch der Kurvenzug gezeichnet, der die „Kapitelle" der Säulen verbindet.

Wesentlich ist: Die darzustellende Größe wird in eine *Strecke* übertragen. Sie bekommt durch diese geometrische Repräsentation eine ihr eigentlich wesensfremde (physikalische) Dimension (z. B. sind Temperatureinheiten in Längeneinheiten zu übertragen); nur im Falle von Ortskoordinaten bleibt die Dimension unverändert.

Vielleicht ist folgende Zwischenbemerkung nicht überflüssig. Wie erinnerlich, ist die graphische Darstellbarkeit kein unabdingbares Merkmal einer Funktion*), wenngleich wir beim Umgang mit Meßgrößen in aller Regel auf Funktionen stoßen, die sich auch als Kurve repräsentieren lassen. Man sollte sich aber vor Augen halten, daß dann die Veranschaulichung als Kurve nicht die einzige Möglichkeit ist, die Funktion graphisch darzustellen, ja mitunter gar nicht die zweckmäßigste. Das Denken in Kurven ist uns freilich vom Alltag her so selbstverständlich, daß wir uns nicht einmal mehr ihre meist nur übertragene Bedeutung vergegenwärtigen. Dementsprechend konnten wir diese Darstellungsart auch bisher schon unbesorgt anwenden.

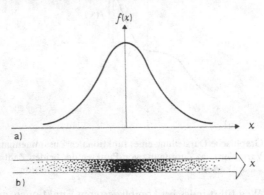

Abb. 2.5. Graphische Darstellung eines funktionalen Zusammenhangs a) „Zeichnerische" Hilfsmittel: Kartesische Darstellung als Kurve; b) „malerische" Hilfsmittel: Funktionswerte durch Schwärzung wiedergegeben (Häufigkeitsverteilung als Beispiel)

Statt des *zeichnerischen* Prinzips der Veranschaulichung durch Kurven kann man ebenso gut ein mehr *malerisches* anwenden und den Funktionswert durch eine entsprechende *Tönung* aus der Weiß-Schwarz-Skala kennzeichnen. Ein Beispiel dafür ist in Abb. 2.5.b zu sehen. Dort kann man sich die Schwärzung, die ein Maß für die Häufigkeit ist, bildhaft aus der „Anhäufung" von Meßpunkten entstanden denken.

---

*) Es gibt, so unglaubwürdig das klingen mag, mathematisch einwandfreie, wenn auch für die Anwendungen unbrauchbare Funktionen, die sich überhaupt nicht als Kurve zu Papier bringen lassen. Manchmal ist eine graphische Darstellung auch nur in der Umgebung gewisser x-Werte unmöglich; man versuche etwa, $y = \cos \dfrac{1}{x}$ in der Umgebung von $x = 0$ zu zeichnen!

88

Manchmal kommen solche Bilder von selbst zustande: Die Öl-Schwärzung auf der Straße ist ein Maß für die Chance, dort ein Auto anzutreffen (also die graphische Darstellung einer Wahrscheinlichkeitsdichte). – Sehr hilfreich ist oft die Vorstellung, daß die Schwärzung durch wägbare Materie verursacht wird (Öl, Druckerschwärze); dieses Bild der „Belegung mit *Masse*" haben wir gelegentlich (Kap. 1.2.1.V) schon benutzt.

Welche Darstellungsweise auch immer man wählt: Für quantitative Aussagen wird in jedem Falle ein Maßstab benötigt; eine festgelegte Streckeneinteilung bei „zeichnerischer" Darstellung, eine Schwärzungsskala bei „malerischer".

(II) Zur Darstellbarkeit von Funktionen mehrerer Variabler und zur unterschiedlichen Bedeutung der darzustellenden Größen

Dem Wunsch nach anschaulicher Darstellung sind leider Grenzen gesetzt. „Zeichnerisch" lassen sich auf dem Papier nur Funktionen *einer* Variablen korrekt wiedergeben, und mit einiger Mühe – als ebenes Abbild einer räumlichen Figur – auch noch Funktionen von zwei Variablen. Darüber hinaus bleibt nur der Weg, „überzählige" Variable vorübergehend als Konstante zu behandeln. Indem man mit allen Variablen reihum so verfährt, kann man dann die Funktion wenigstens in Teilaspekten graphisch darstellen.

Wenn wir im folgenden einige Techniken der graphischen Darstellung betrachten, wollen wir über Funktionen von höchstens drei Variablen nicht hinausgehen. Damit schließen wir noch alle die Beispiele ein, in denen eine Größe eine Ortsfunktion ist, also – wie etwa die Temperatur – an verschiedenen Stellen des Raumes verschieden ist und sich demzufolge als Funktion der drei Ortskoordinaten x, y, z erweist.

Wie schon bei der Darstellung von Vektoren, wollen wir wieder konsequent unterscheiden, ob die allgemein mit den Buchstaben $x, y \ldots$ bezeichneten Variablen eine räumlich-geometrische Bedeutung als Ortskoordinaten haben (Dimension Länge) oder aber nicht-geometrische Größen (Temperatur usw.) sind. Zur Unterscheidung seien solche Größen vorübergehend mit u, v, w bezeichnet, die Ortskoordinaten dagegen mit x, y und z.

(III) Ortsfunktionen

Betrachten wir zunächst Ortsfunktionen, das sind solche, die als Argument nur (eine oder mehrere) Ortskoordinaten enthalten. Dabei lassen sich noch zwei Fälle unterscheiden, je nachdem ob auch die abhängige Variable (bei expliziter analytischer Darstellung also die linke Seite) eine Ortskoordinate ist oder nicht.

Die abhängige Variable ist eine Ortskoordinate

Wenn auch der Funktionswert selbst eine Ortskoordinate ist, gibt es nur die beiden Möglichkeiten der Abhängigkeit von 1 oder 2 Variablen:

$$y = f(x) \quad \text{und} \tag{70a}$$
$$z = f(x,y). \tag{70b}$$

Was bedeuten die graphischen Darstellungen dieser Funktionen? Im ersten Fall wird eine bestimmte *Linie* in der Ebene, im zweiten Fall eine bestimmte *Fläche* im Raum festgelegt. Die graphischen Darstellungen stellen tatsächlich geometrisch faßbare Gebilde dar, die mit unserer räumlichen Anschauung korrespondieren, auch ohne weiteres photographiert werden könnten.

Ist das Zeichnen einer *Linie* trivial, so ist es andererseits nicht ganz einfach, eine *Fläche* im Raum auf dem Papier wiederzugeben. Einen Gesamteindruck kann man nur in einer Schrägansicht bekommen. Um den Flächenverlauf zu verdeutlichen, zeichnet man gern Profillinien, die die Fläche wie ein Netz überziehen, und zwar einzeln oder in Kombination folgende Liniensysteme:

(α) Profillinien, die entstehen, wenn man Schnitte durch die Fläche parallel zur $y-z$-Ebene in äquidistanten x-Abständen führt (das sind Linien mit $x = $ const);

(β) entsprechende Linien, die bei Schnitten parallel zur $x-z$-Ebene entstehen (d. h. Linien $y = $ const);

(γ) entsprechende Linien, die bei Schnitten parallel zur $x-y$-Ebene entstehen (d. h. Linien $z = $ const). Diese pflegt man, da z gewöhnlich „nach oben" zeigt, als *Niveaulinien* (Schichtlinien, Höhenlinien) zu bezeichnen.

Abb. 2.6. illustriert diese Möglichkeiten.

Die Darstellung läßt sich vereinfachen, indem man ganz darauf verzichtet, einen räumlichen Eindruck zu erwecken. Man zeichnet die Schnittlinien dann einfach als *Schar von Kurven* in die entsprechende Ebene, z.B. nach (γ) eine Kurvenschar in die $x-y$-Ebene, wo jeder Kurve der betreffende z-Wert als Parameter beigefügt wird. Damit ist man wieder zur Darstellung von Linien wie im Falle der Gl. [70a] zurückgekehrt; man hat, wie schon angedeutet, eine Variable vorübergehend wie eine Konstante behandelt (Abb. 2.6.).

Die abhängige Variable ist eine andere Größe

Da es nur drei Raumrichtungen gibt, sind zwischen Ortskoordina-

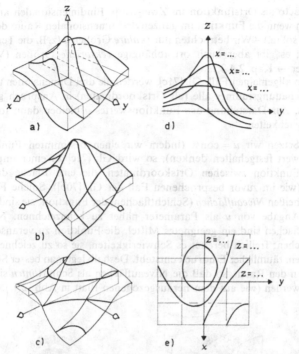

Abb. 2.6. Verschiedene Darstellungen einer Fläche $z = f(x, y)$. a) Durch Linien $x = $ const; b) durch Linien $x = $ const und $y = $ const; c) durch Linien $y = $ const (dünn) und Höhenlinien $z = $ const (a ... c alle in Schrägansicht); d) durch Projektion der Linien $x = $ const; e) durch Projektion der Höhenlinien $z = $ const (d, e sind ebene Darstellungen mit Parameterangabe)

ten allein nur Zusammenhänge der genannten zwei Typen möglich. Wenn der *Funktionswert* aber eine *nicht-geometrische Größe* ist, sind Ortsfunktionen der Formen

$$u = f(x), \qquad [71a]$$
$$u = f(x, y) \quad \text{und} \qquad [71b]$$
$$u = f(x, y, z) \qquad [71c]$$

denkbar. Die dritte ist die allgemeinste Form. Die beiden vorhergehenden entstehen aus ihr als Spezialfall, wenn die Größe u von z resp. von y und z nicht abhängt, sich also nicht ändert, wenn man in der betreffenden Raumrichtung fortschreitet. (Man kann sie deshalb

91

de facto als Ortsfunktion im Zwei- resp. Eindimensionalen ansehen, auch wenn die Funktion im ganzen dreidimensionalen Raum definiert sein sollte.) – Wir betrachten nur *skalare* Größen u (z. B. die Temperatur); es gibt aber auch ortsabhängige *vektorielle* Größen (Vektorfelder → Kap. 2.4.3.).

Im allgemeinen Fall, Gl. [71c], werden die drei Dimensionen unseres Anschauungsraumes alle (als Ortskoordinaten) in Anspruch genommen. Zur Darstellung des Funktionswertes u bleiben dann folgende Möglichkeiten:

(α) Setzen wir u = const (indem wir einen bestimmten Funktionswert festgehalten denken), so wird Gl. [71c] zu einer impliziten Funktion zwischen Ortskoordinaten, die eine Fläche darstellt (wie im zuvor besprochenen Fall der Gl. [70b]). Solche Flächen heißen *Niveauflächen* (Schichtflächen) der Funktion; sie sind durch Angabe von u als Parameter näher zu kennzeichnen. Niveauflächen sind ein geeignetes Mittel, die Funktion zu veranschaulichen; freilich bereitet es Schwierigkeiten, sie so zu zeichnen, daß ein räumlicher Eindruck entsteht. Deshalb legt man besser Schnitte in den Raum, so daß die Niveauflächen als Schnitt*linien* sichtbar werden (wie auf dem herausgezogenen Blatt in Abb. 2.7.).

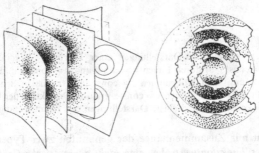

Abb. 2.7. Eine Ortsfunktion im Dreidimensionalen, durch Schwärzung auf ausgewählten Flächen dargestellt. a) Parallele Ebenen, b) konzentrische Kugelflächen (Zwiebelschalenmodell). – Das eine herausgezogene Blatt als Beispiel, wie sich der gleiche Sachverhalt durch Niveaulinien darstellen läßt

(β) Wir greifen auf das malerische Prinzip zurück. Das geschieht räumlich in analoger Art wie bei den bekannten Kristall- oder Molekülmodellen, die – gleichsam holzschnittartig – alle Stellen, wo der Funktionswert u eine gewisse Schwelle überschreitet, durch die materielle Anwesenheit einer Kugel kennzeichnen. Eine kontinuierlich variable Größe wäre durch Schwärzung o. ä. als räumliche *Wolke* darzustellen. Das ist ein jedenfalls mühseliges Unterfangen (Abb. 2.8.). Man legt deshalb besser wieder eine Reihe charakteristischer Flächen in den Raum – am einfachsten Schnittebenen, manchmal auch Kugelschalen (Abb. 2.7.) –, auf denen man die Funktionswerte durch Schwärzung darstellt.

Man entledigt sich also aller Probleme, indem man sich doch lieber auf die Darstellung der Ortsfunktion *im Zweidimensionalen* zurückzieht. Zur Vervollständigung ist natürlich immer klarzustellen, wie die herausgeschnittene Fläche im Raume liegt.

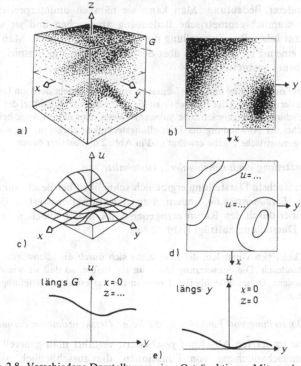

Abb. 2.8. Verschiedene Darstellungen einer Ortsfunktion. – Mit „malerischen" Hilfsmitteln: a) im Dreidimensionalen (Schrägansicht); b) im zweidimensionalen Schnitt ($x-y$-Ebene). – Mit „zeichnerischen" Hilfsmitteln: c) im Zweidimensionalen als Fläche in Schrägansicht (entspricht b); d) im Zweidimensionalen durch Niveaulinien (Höhenlinien der Fläche c); e) im Eindimensionalen: Funktionswerte längs ausgewählter Linien (in a bezeichnet)

93

Im Zweidimensionalen sind sowohl das zeichnerische als auch das malerische Prinzip z. B. von Landkarten her wohlbekannt (etwa Darstellung der mittleren Temperatur durch Isothermen oder aber durch Blau- und Rottöne).

Zur Darstellung zweidimensionaler „Ausschnitte":

Nach einem Schnitt durch die räumliche Ortsfunktion werden nur noch zwei Dimensionen unseres Anschauungsraumes als Ortskoordinaten in Anspruch genommen. Die dritte (geometrische) Raumrichtung (z. B. die z-Richtung, wenn man einen Schnitt parallel zur $x-y$-Ebene geführt hat, wie in Abb. 2.8.) wird nicht mehr benötigt. Sie läßt sich dennoch für die Darstellung zu Hilfe nehmen, nun aber in ganz anderer Bedeutung. Man kann sie nämlich uminterpretieren, ihr die räumlich-geometrische Bedeutung absprechen und sie statt dessen zur bildhaften Darstellung der Größe u heranziehen. Man bekommt eine u-Fläche, die sich über der Schnittebene (im Beispiel: der $x-y$-Ebene) ausbreitet.

Obwohl sich Gl. [70b] und [71b] formal entsprechen, besteht doch ein Unterschied in der Bedeutung der Fläche; sie ist hier nur noch ein Hilfsmittel der Veranschaulichung ohne geometrische Substanz. Wenn man das im Auge behält, steht nichts der Anwendung der Darstellungstechniken entgegen, wie wir sie für eine geometrische Fläche erwähnt und in Abb. 2.6. illustriert haben.

Zur Darstellung eindimensionaler „Ausschnitte":

Die einfachste Darstellung ergibt sich schließlich bei Beschränkung auf das *Eindimensionale*, indem man den Funktionswert u längs irgendeiner durch den Raum gezogenen Linie in der üblichen kartesischen Darstellung aufträgt (Abb. 2.8.e).

Man kann sich vorstellen, die Linie ziehe sich durch die „Schwärzungs"-Wolke hindurch. Die Schwärzung bleibt an ihr haften, so daß sie wie Abb. 2.5.b aussieht. Dieses Bild überträgt man in die kartesische Darstellung wie Abb. 2.5.a.

(IV) Darstellung von Funktionen, die keine Ortskoordinaten enthalten

So wie im letzten Abschnitt geschildert, verfährt man generell bei der Veranschaulichung von Funktionen, die ausschließlich nichtgeometrische Größen verknüpfen, also allgemein

$$u = f(v, w \ldots). \tag{72}$$

Man ordnet den beteiligten Größen die Achsen eines kartesischen Systems zu. Die graphischen Darstellungen solcher Funktionen sehen

94

wie Kurven und Flächen aus, haben aber keine faßbare geometrische Bedeutung. Das rührt daher, daß bei der Uminterpretation die Zuordnung von Längeneinheiten der Darstellung zu den Einheiten der dargestellten Größe völlig in das Belieben des Entwerfers gestellt ist.

Daher ist es im allgemeinen auch nicht ganz korrekt, das Steigungsmaß einer Geraden als Tangens eines Winkels zu benennen. Diese Bedeutung bestünde in der Tat nur, wenn x und y Ortskoordinaten wären! Ansonsten ist die Steigung eine dimensionsbehaftete Größe, die z. B. im $I-U$-Diagramm des *Ohm*schen Gesetzes der Leitwert ist. Sie bleibt unabhängig vom Darstellungsmaßstab stets gleich, während der geometrische Winkel davon abhängt.

Insbesondere steht es einem auch frei, auf einer Achse statt der Größe selbst (z. B. v) irgendeinen anderen, die Größe enthaltenden Ausdruck (z. B. v^2) aufzutragen. Man bekommt dadurch gegenüber der ersten Auftragung eine *Maßstabsverzerrung* mit der Folge, daß sich das graphische Bild der Funktion ändert. Davon macht man gern Gebrauch, um ein einfaches Funktions*bild* – möglichst eine Gerade – zu erzeugen.

In Abb. 1.30. haben wir dafür ein Beispiel. Der Zusammenhang $E_{kin} \sim v^2$ stellt sich als Gerade dar, wenn man auf der einen Achse v^2 (und nicht v) aufträgt. Weichen die experimentellen Ergebnisse von diesem Zusammenhang ab, so ist das – als Abweichung von einer Geraden – besonders leicht zu erkennen. Bei einer Auftragung gegen v hätte man dagegen die Abweichung vom parabolischen Verlauf zu beurteilen, und das ist nach bloßem Augenschein nicht möglich.

Diese bei nicht-geometrischen Größen mögliche Art der *Koordinatentransformation* (besser gesagt: Skalentransformation) *behält also das kartesische Achsensystem bei, modifiziert aber die Achseneinteilung und ändert dadurch das Funktionsbild. Die Gleichung der Funktion bleibt davon unberührt.*

2.1.3. Transformation von Ortskoordinaten

Die zuletzt beschriebene Art, Koordinaten zu wechseln, hat keinen Sinn bei Ortskoordinaten. Die graphische Darstellung einer Ortsfunktion ist ein in seiner räumlichen Struktur unveränderliches, vorgegebenes Gebilde. Wenn man hier von Koordinatentransformationen spricht, so im gleichen Sinne wie bei den alten Geographen, die noch keine konventionelle Nord-Orientierung ihrer Landkarten kannten: Man beschreibt ein und dasselbe geometrische Gebilde durch Gleichungen, die sich auf verschiedene Orts-Koordinatensysteme beziehen.

Eine derartige Transformation hätte bei nicht-geometrischen Größen keinen Sinn. Wenn z. B., wie oben angeführt, E_{kin} gegen v^2 aufgetragen ist, so kann man nicht ohne Verfälschung des Zusammenhangs das Achsenkreuz unter dem festgehaltenen Kurvenbild wegdrehen.

Bei einer solchen *Koordinatentransformation wird das Bezugssystem geändert, während das Funktionsbild unberührt bleibt. Die Gleichung der Funktion lautet in den transformierten Koordinaten anders als in den ursprünglichen.*

Die Umrechnungsgleichungen lassen sich an Hand eines beliebig herausgegriffenen Raumpunktes ableiten, der durch seinen Ortsvektor $\vec{r}$ charakterisiert ist. Wenn wir – was im folgenden vorausgesetzt sei – nur Koordinatensysteme betrachten, die alle den gleichen Ursprung (Nullpunkt) haben, so ist der Ortsvektor unveränderlich und wird – im Ganzen – von den Koordinatenänderungen nicht berührt, aber natürlich hat er in verschiedenen Systemen auch verschiedene Komponenten. Wir werden jeweils den Zusammenhang seiner neuen Komponenten mit den – als Ausgangsbasis betrachteten – kartesischen angeben. Dann läßt sich auch jede Orts*funktion* nach Belieben in den einen oder anderen Koordinaten ausdrücken.

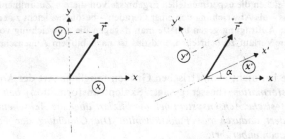

Abb. 2.9. Fester Ortsvektor $\vec{r}$ bei Drehung des kartesischen Koordinatensystems

Zunächst wollen wir bei den üblichen rechtwinkligen (kartesischen) Koordinaten bleiben und betrachten, wie sich ein Wechsel des Systems durch eine simple Drehung auswirkt (d. h. die aus den Einheitsvektoren gebildete *Basis* ändert nur ihre *Orientierung*; die Achsenteilung wird unverändert beibehalten). Sodann werden einige andere gebräuchliche Systeme mit zwar rechtwinkligen, aber krummlinigen Koordinaten erläutert.

(I) Ortskoordinaten im Zweidimensionalen: Drehung des ebenen kartesischen Systems

Ein rechtwinkliges $x - y$-System werde mathematisch positiv (d. h. im Gegenuhrzeigersinn gezählt) um den Winkel α gedreht; der Nullpunkt bleibt dabei unverändert. Die Achsen des neuen, „gestrichenen"

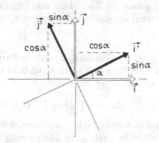

Abb. 2.10. Einheitsvektoren der beiden Koordinatensysteme von Abb. 2.9.

Systems mögen x' und y' heißen. Der Ortsvektor eines Punktes hat also im alten System die Koordinaten (x, y), im neuen (x', y'). Wenn wir beide Koordinatensysteme gemäß Gl. [25b] durch ihre Einheitsvektoren $\vec{i}$, $\vec{j}$ und $\vec{i'}$, $\vec{j'}$ kennzeichnen, ist

$$\vec{r} = x\vec{i} + y\vec{j} = x'\vec{i'} + y'\vec{j'}. \qquad [73]$$

Mit Hilfe des mittleren und rechten Teils dieser Gleichung erhält man die gesuchte Beziehung zwischen (x, y) und (x', y'), sofern man weiß, wie $\vec{i}$, $\vec{j}$ und $\vec{i'}$, $\vec{j'}$ zusammenhängen. Das ist nach Abb. 2.10. leicht zu sehen. Man schreibt $\vec{i'}$, $\vec{j'}$ in Komponenten bezüglich $\vec{i}$, $\vec{j}$ auf und beachtet, daß es sich um Einheitsvektoren handelt:

$$\begin{aligned} \vec{i'} &= \cos\alpha \cdot \vec{i} + \sin\alpha \cdot \vec{j}, \\ \vec{j'} &= -\sin\alpha \cdot \vec{i} + \cos\alpha \cdot \vec{j} \end{aligned} \qquad [74]$$

Setzt man das rechts in Gl. [73] ein und vergleicht die Komponenten-Beträge, die auf beiden Seiten bei $\vec{i}$ resp. $\vec{j}$ stehen, so ergeben sich die beiden gesuchten Umrechnungsgleichungen, nämlich Gl. [75a].

Anstelle der alten Koordinaten ist zu setzen:

$$\begin{aligned} x &= \cos\alpha \cdot x' - \sin\alpha \cdot y', \\ y &= \sin\alpha \cdot x' + \cos\alpha \cdot y'. \end{aligned} \qquad [75a]$$

Diese beiden Gleichungen können auch nach den gestrichenen Größen aufgelöst werden:

97

$$x' = \cos\alpha \cdot x + \sin\alpha \cdot y,$$
$$y' = -\sin\alpha \cdot x + \cos\alpha \cdot y. \qquad [75b]$$

Das sind die neuen Koordinaten, ausgedrückt durch die alten.

Da wir einen beliebigen Raumpunkt betrachtet haben, gelten die Gleichungen ganz allgemein. Wir geben mit ihrer Hilfe eine Ortsfunktion in beiden Systemen an. – Sei eine Parabel vorgegeben, die im ersten System durch

$$y = x^2$$

beschrieben wird. Wie lautet die Gleichung derselben Parabel in einem um 45° gedrehten System? Man setzt für x und y die Ausdrücke der Gl. [75a] mit $\sin\alpha = \cos\alpha = 1/\sqrt{2}$ ein und erhält

$$y'^2 + x'^2 - 2x'y' - \sqrt{2}y' - \sqrt{2}x' = 0.$$

Diese implizite Form läßt sich zwar nach y' auflösen, wird aber dadurch nicht übersichtlicher. Man sieht: Die analytische Darstellung einer Funktion kann dadurch kompliziert werden, daß man – wie hier – ein ausgesprochen ungeschicktes Koordinatensystem wählt.

Um eine möglichst ökonomische und elegante Formulierung zu erreichen, muß man von Fall zu Fall nach den zweckmäßigsten Koordinaten Ausschau halten. Das können auch krummlinige sein – siehe dazu das Folgende.

(II) Ortskoordinaten im Zweidimensionalen: Ebene Polarkoordinaten

Bei der Orientierung nach dem Kompaß ist es selbstverständlich, ein Ziel nach seiner Entfernung und Richtung (in Grad der Windrose) zu kennzeichnen: Man benutzt Polarkoordinaten.

Anstelle von x, y gibt man die Koordinaten r, φ eines Punktes an (Abb. 2.11.), wie bereits (aber ohne geometrische Bedeutung) in Abb. 1.4. Dabei ist r der Betrag des Ortsvektors (der Abstand vom Nullpunkt, welcher mit dem des kartesischen Systems zusammenfällt), φ der im positiven Sinne von der x-Achse ab gemessene Winkel zum

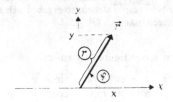

Abb. 2.11. Ebene Polarkoordinaten

Ortsvektor (in Bogenmaß, → Gl. [12])*). Die Umrechnungsgleichungen sind (vgl. Gl. [8a] und [8b]):

$$x = r \cos \varphi,$$
$$y = r \sin \varphi, \qquad \qquad [76a]$$

oder umgekehrt

$$r = \sqrt{x^2 + y^2},$$
$$\tan \varphi = y/x. \qquad \qquad [76b]$$

Während bei kartesischen Koordinaten

$$x = -\infty \ldots +\infty \quad \text{und} \quad y = -\infty \ldots +\infty$$

sein kann, ist in Polarkoordinaten nur

$$r = 0 \ldots +\infty \quad \text{und} \quad \varphi = 0 \ldots 2\pi$$

möglich. Ein negatives r würde man als Ortsvektor entgegengesetzter Richtung interpretieren.

Beispiel: Die Parabel $y = x^2$ wird in Polarkoordinaten durch

$$r = \frac{\sin \varphi}{\cos^2 \varphi}$$

beschrieben. Für $\varphi = \pi \ldots 2\pi$ kommt r formal mit negativem Vorzeichen heraus. Das bedeutet entgegengesetzte Richtung und damit noch einmal dasselbe wie schon für $\varphi = 0 \ldots \pi$. Für die untere Halbebene gibt es keine Funktionswerte – das stellt man natürlich auch bei Verwendung dieser Koordinaten fest.

Übrigens ist es möglich, den Zusammenhang zwischen r und φ in ein kartesisches System mit den Achsenbezeichnungen r und φ einzutragen, aber man bekommt damit kein „naturgetreues" Bild der Ortsfunktion.

Polarkoordinaten sind krummlinig: Die Linien $r = $ const sind Kreise, die Linien $\varphi = $ const vom Nullpunkt ausgehende Strahlen (Abb. 2.12.). Diese Linien schneiden sich rechtwinklig.

(III) Ortskoordinaten auf der zweidimensionalen Kugeloberfläche

Auf der (idealisierten) Erdoberfläche bewegen wir uns im *Zwei*dimensionalen: Jeder Ort wird durch *zwei* Zahlenangaben festgelegt. Notwendigerweise müssen wir (im Großen) mit krummlinigen Koordinaten arbeiten.

---

*) Es hat also nur r die Dimension einer Länge, während φ dimensionslos ist. Deshalb *sind die beiden Polarkoordinaten nicht gleichberechtigt* wie die beiden kartesischen (x und y). Das gilt sinngemäß auch für die räumlichen Polarkoordinaten (→ Abschnitt IV).

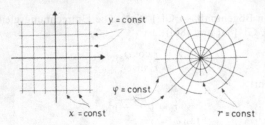

Abb. 2.12. Ebene Koordinatennetze: Kartesische und Polarkoordinaten
(Linien, längs denen eine der Variablen konstant ist)

Mitunter kommt es vor, daß man sich bei einer Ortsfunktion im Dreidimensionalen doch nur für die Werte interessiert, die sie auf einer Kugeloberfläche hat (meist auf der sogenannten Einheitskugel, deren Radius gleich 1 ist). Für diesen Fall benutzt man ähnliche Koordinaten wie in der Geographie, nur die Zählweise ist in der Mathematik anders. Um die Koordinaten eines Punktes anzugeben, führt man durch ihn und die z-Achse zunächst einen „Apfelsinenschnitt". In der Äquatorebene wird nun der Winkel zwischen der x-Achse und der Halbebene dieses Schnittes gemessen. Er wird mit φ bezeichnet. Ferner gibt man den Winkel ϑ zwischen positiver z-Achse und dem Ortsvektor des Punktes an.

Es ist also folgender Bereich der beiden Koordinaten möglich:

$$\varphi = 0 \ldots 2\pi \quad \text{und} \quad \vartheta = 0 \ldots \pi.$$

Die Linien $\varphi = $ const sind die (halben) Längenkreise, die Linien $\vartheta = $ const die Breitenkreise. Längen- und Breitenkreise schneiden sich unter rechten Winkeln.

(IV) Ortskoordinaten im Dreidimensionalen: Räumliche Polarkoordinaten

Die im vorhergehenden Absatz genannten Koordinaten benutzt man auch im Dreidimensionalen, wenn also keine Bindung mehr an eine vorgegebene Kugeloberfläche verlangt wird. Dazu ist neben φ und ϑ auch noch der Betrag des Ortsvektors, r, anzugeben (das ist wieder der Abstand vom Nullpunkt oder, anders ausgedrückt, der Radius der Kugelschale, auf welcher der Punkt liegt).

Die räumlichen Polarkoordinaten („Kugelkoordinaten") r, ϑ, φ hängen mit den kartesischen x, y, z*), wie aus Abb. 2.13. abzulesen ist, durch folgende Beziehungen zusammen:

100

$$x = r \sin \vartheta \cos \varphi,$$
$$y = r \sin \vartheta \sin \varphi,$$
$$z = r \cos \vartheta.$$
[77a]

Die Umkehrung ist

$$r = \sqrt{x^2 + y^2 + z^2},$$
$$\cos \vartheta = z / \sqrt{x^2 + y^2 + z^2},$$
$$\tan \varphi = y / x.$$
[77b]

In einem dreidimensionalen kartesischen System kann man Flächen $x = $ const oder $y = $ const oder $z = $ const betrachten, die den Raum in kubische Teilvolumina einteilen (Abb. 2.14.). Bei dreidimensionalen Polarkoordinaten sind die Flächen $r = $ const Kugelschalen,

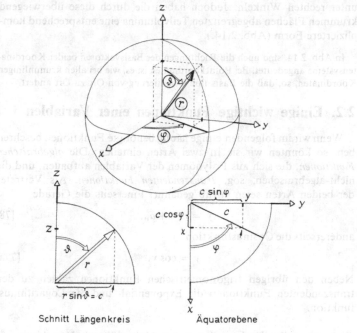

Abb. 2.13. Räumliche Polarkoordinaten

*) Wir setzen stets ein *Rechtssystem* voraus, bei dem x-, y- und z-Achse wie Daumen, Zeige- und Mittelfinger der rechten Hand aufeinander folgen. Bei den Kugelkoordinaten ist die entsprechende Reihenfolge: r, ϑ, φ.

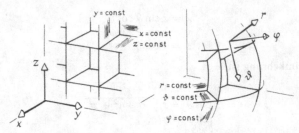

Abb. 2.14. Räumliche Koordinatengitter: Kartesische und Polarkoordinaten
(Flächen, auf denen eine der Variablen konstant ist)

ϑ = const Kegel mit der z-Achse als Symmetrieachse und φ = const
Halbebenen durch die z-Achse. Diese Flächen schneiden sich stets
unter rechten Winkeln. Jedoch haben die durch diese überwiegend
krummen Flächen abgegrenzten Teilvolumina eine entsprechend kompliziertere Form (Abb. 2.14.).

In Abb. 2.14. sind auch die Richtungen der Basisvektoren beider Koordinatensysteme angedeutet. Bei Polarkoordinaten ist es, wie bei allen krummlinigen
Koordinaten, so, daß die Basis ihre Orientierung von Ort zu Ort ändert.

2.2. Einige wichtige Funktionen einer Variablen

Wenn wir im folgenden einige häufig benötigte Funktionen beschreiben, so könnten wir sie in zwei Arten einteilen: Die *algebraischen
Funktionen*, die sich aus Polynomen der Variablen aufbauen, und die
nicht-algebraischen, sog. *transzendenten Funktionen*. Als Vertreter
der beiden Arten seien vorab genannt: Einerseits die Gerade

$$y = a_1 x + a_0, \qquad [78]$$

andererseits die Cosinusfunktion

$$y = \cos x. \qquad [79a]$$

Neben den übrigen trigonometrischen Funktionen zählen zu den
transzendenten Funktionen die Exponential- und die Logarithmus-
funktion.

*Eine notwendige Vorbemerkung über Meßgrößen als Variable in
mathematischen Funktionen*

Bei der Einführung des Funktionsbegriffes hatten wir den ganz
weitgefaßten Begriff „Element" auf Meßgrößen eingeschränkt. Wir

102

müssen nun an Gl. [1] erinnern: Als Meßgrößen haben die Variablen in aller Regel eine bestimmte physikalische Dimension. Welche Konsequenzen hat das? Die analytischen Darstellungen der Funktionen müssen dimensionsmäßig konsistent sein, einfacher gesagt: Auf beiden Seiten der Gleichungen müssen im Endeffekt nicht nur gleiche Zahlen, sondern auch gleiche Einheiten stehen. Daraus folgt, daß beispielsweise in der Geradengleichung der Koeffizient a_1 die Dimension von y/x haben muß, ferner a_0 die Dimension von y. *Die Koeffizienten in algebraischen Gleichungen sind im allgemeinen keine reinen Zahlen.* – Etwas anders ist die Situation bei transzendenten Funktionen, wie am aufgeführten Beispiel des Cosinus gezeigt sei. Schwierigkeiten entstehen wegen der Einheit im Argument. Ist z. B. x die Zeit, so ist es sinnlos, den Cosinus der *Zeiteinheit* (Sekunde) bilden zu wollen. Folglich dürfen wir unter x entweder nicht die Meßgröße (sondern eine abgeleitete, dimensionslose Größe) verstehen, oder aber wir bleiben bei der Deutung von x als Meßgröße und schreiben statt des einfachen Arguments, x, ein kombiniertes, kx, wo k ein Koeffizient der Dimension von $1/x$ ist. Allgemein gilt für alle *transzendenten Funktionen: Ihr Argument muß dimensionslos sein.* Das genügt aber noch nicht. Um auch mit der linken Seite in Einklang zu kommen, ist ein zweiter Koeffizient (Vorfaktor) der Dimension von y erforderlich, den wir – in diesem Beispiel – $\hat{y}$ nennen wollen. Daher ist es besser, statt Gl. [79a]

$$y = \hat{y} \cos kx \qquad [79b]$$

als Beispiel anzuführen.

2.2.1. Algebraische Funktionen

(I) Übersicht

Die vier Grundrechenarten werden als rationale Operationen bezeichnet. Eine Funktion heißt *rational*, wenn ihre explizite Darstellung aus der Variablen x und aus konstanten Größen mittels endlich vieler rationaler Operationen zusammengesetzt werden kann.

Nimmt man außerdem das Radizieren (Wurzelziehen) hinzu, so heißen die damit formulierbaren Funktionen *algebraisch*. Wurzelausdrücke lassen sich durch entsprechendes Potenzieren wieder beseitigen. Daher sind algebraische Funktionen auch aus lauter Potenzen, und zwar *beider* Variabler, zusammensetzbar.

Die allgemeinste Form einer algebraischen Funktion ist ihre implizite Darstellung als Polynom der beiden Variablen x und y:

103

$$P(x, y) = 0 \; *).$$ [80]

Ein Polynom *einer* Variablen x ist eine Summe von Potenzen dieser Variablen mit konstanten Koeffizienten (Vorfaktoren) a_i:

$$P(x) = a_n x^n + \ldots + a_2 x^2 + a_1 x + a_0 = \Sigma a_i x^i.$$ [81]

Die i sind ganze, nicht negative Zahlen. Die größte von ihnen (n) heißt Grad des Polynoms.

Ein Polynom von *zwei* Variablen x, y enthält derartige Terme nicht nur mit x und y, sondern auch in gemischter Form. Allgemein:

$$P(x, y) = \Sigma a_{ij} x^i y^j.$$

Beispiel: $P(x, y) = a_{03} y^3 + a_{20} x^2 + a_{11} xy \; **).$

Die implizite Form Gl. [80] haben z. B. einige Funktionen, deren Bilder Kegelschnitte sind***), wofür Tab. 2.1. Belege gibt.

Weniger allgemein ist die aufgelöste, explizite Form, die

$$y = \frac{P_Z(x)}{P_N(x)} = \frac{a_n x^n + \ldots a_2 x^2 + a_1 x + a_0}{b_m x^m + \ldots b_2 x^2 + b_1 x + b_0}$$ [82]

lautet. Sie besteht aus einem Zählerpolynom der Variablen x und einem Nennerpolynom derselben Variablen, beide im allgemeinen von verschiedenen Graden (n resp. m). Wegen der Analogie zu Gl. [2] spricht man auch von einer *gebrochen rationalen Funktion*.

Ist weiter $P_N(x) = 1$, so bleibt die *ganze rationale Funktion* der Form

$$y = P(x) = a_n x^n + \ldots a_2 x^2 + a_1 x + a_0.$$ [83]

Ihr einfachster Vertreter ist mit $n = 1$ die bereits genannte lineare Funktion (Gerade), Gl. [78].

Im folgenden beschränken wir uns auf explizit darstellbare algebraische (d. h. rationale) Funktionen.

(II) Der Fundamentalsatz der Algebra

Die Diskussion rationaler Funktionen wird wesentlich erleichtert

---

*) Das Zeichen P soll hier auf das Polynom hindeuten; es hat nichts mit der relativen Häufigkeit (Kap. 1.2.) zu tun.

**) Die Koeffizienten a_{ij} sind doppelt indiziert (lies z. B. $a-1-1$, nicht $a-11$). Selbstverständlich können die Koeffizienten teilweise Null sein. – Die größte Zahl i heißt Grad des Polynoms bezüglich x, die größte Zahl j Grad bezüglich y.

***) „Ellipse, Parabel, Hyperbel und Kreis, die stammen vom Kegel, wie jedermann weiß."

durch die Eigenschaft der Polynome, sich – statt als Summe – auch in Form eines Produktes schreiben zu lassen. Das ist der Inhalt des Fundamentalsatzes der Algebra.

Zu seiner Erläuterung betrachten wir für den Augenblick ein Polynom nicht als Darstellung einer Funktion, sondern als linke Seite einer Gleichung zur Bestimmung einer Unbekannten x:

$$a_n x^n + \ldots a_2 x^2 + a_1 x + a_0 = 0$$

(mit beliebigen, auch komplexen a_i). Eine derartige Gleichung hat genau n Lösungen („Wurzeln") α_i, also soviele wie der Grad des Polynoms angibt. Sie sind im allgemeinen *komplex*. Es können mehrere Lösungen zusammenfallen (mehrfache Wurzeln).

Mit Hilfe der Wurzeln läßt sich die vorstehende Gleichung auch schreiben:

$$a_n(x - \alpha_1)(x - \alpha_2) \ldots (x - \alpha_n) = 0.$$

Wie es sein muß, ist die Gleichung immer dann erfüllt, wenn $x = \alpha_i$ eingesetzt wird, weil dann einer der Faktoren und damit das ganze Produkt Null wird.

Folglich kann man jedes Polynom der Form Gl. [81] (auch ohne die Gleichung „ = 0" zu verlangen) in die Produktform

$$P(x) = a_n(x - \alpha_1)(x - \alpha_2) \ldots (x - a_n) \qquad [81']$$

bringen.

Wir haben hier einen *Existenzsatz* vor uns, der nur gewährleistet, daß es die n Lösungen α_i gibt, aber nichts über den Weg sagt, auf dem man sie herausbekommen kann.

Wenn alle Koeffizienten der Summendarstellung Gl. [81] reell sind, muß natürlich auch die Produktdarstellung Gl. [81'] reell sein. Da aber dessen ungeachtet komplexe Lösungen α_i möglich sind, treten diese notwendigerweise immer in *Paaren* auf, und zwar so, daß – wenn α_1 und α_2 komplex sind – die beiden Faktoren $(x - \alpha_1)(x - \alpha_2)$ ein *reelles* Produkt ergeben.

Es ist $(x - \alpha_1)(x - \alpha_2) = x^2 - (\alpha_1 + \alpha_2)x + \alpha_1 \alpha_2$. Reell ist dies, falls α_1 und α_2 zueinander konjugiert komplex sind:

$$\alpha_1 = \alpha_2{}^*.$$

Das ergibt sich aus den Gl. [7] und [15].

Will man komplexe Zahlen vermeiden, so kann man deshalb

$$-(\alpha_1 + \alpha_2) = \tilde{\alpha}_1, \quad \alpha_1 \alpha_2 = \tilde{\alpha}_2$$

als zwei neue, reelle Koeffizienten einführen, mit denen man die beiden komplexen Faktoren ersetzt durch *einen reellen*, allerdings in x quadratischen:

$$(x - \alpha_1)(x - \alpha_2) = x^2 + \tilde{\alpha}_1 x + \tilde{\alpha}_2.$$

(III) Diskussion rationaler Funktionen

Betrachten wir den allgemeinen Fall, also die *gebrochen* rationalen Funktionen! Ihre Eigenschaften lassen sich in mancher Hinsicht am besten übersehen, wenn man in Gl. [82] sowohl den Zähler als auch den Nenner in der Produktform schreibt:

$$y = \frac{a_n(x - \alpha_1)(x - \alpha_2) \dots (x - \alpha_n)}{b_m(x - \beta_1)(x - \beta_2) \dots (x - \beta_m)}, \qquad [82']$$

wo α_i, β_i die Lösungen der betreffenden Gleichungen ($P_Z = 0$ resp. $P_N = 0$) sind*). Daran sieht man folgende Besonderheiten:

(α) Für alle $x = \alpha_i$ wird der Zähler und damit die gesamte Funktion Null. Die Werte α_i sind demnach die *Nullstellen der Funktion*.

Von den n Wurzeln des Zählerpolynoms entsprechen nur die *reellen* auch Nullstellen der Funktion.

Rührt eine Nullstelle von einer ein-fachen (reellen) Wurzel her, so wechselt die Funktion an dieser Stelle das Vorzeichen, in der graphischen Darstellung schneidet die Kurve die x-Achse.

Bei einer doppelten Nullstelle schmiegt sich dagegen die Kurve, vom positiven oder negativen Bereich kommend, nur an die x-Achse an, ohne das Vorzeichen zu wechseln (Abb. 2.15.).

Allgemein gilt: Vorzeichenwechsel bei ungerader Vielfachheit, kein Vorzeichenwechsel bei gerader Vielfachheit.

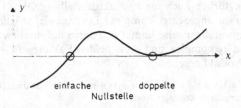

Abb. 2.15. Charakter mehrfacher Nullstellen

---

*) Neben den beiden allgemeinen Formen Gl. [82] und Gl. [82'] gibt es eine weitere, in der die Funktion als Summe gebrochen rationaler Funktionen erscheint (Partialbruchzerlegung, → Kap. 5.2.1.IV).

(β) Für alle $x = \beta_i$ wird das Nennerpolynom Null; die Funktion ist an diesen Stellen nicht definiert. Nähert man sich ihnen, $x \to \beta_i$, so geht der Nenner $\to 0$, der Funktionswert dem Betrage nach $\to \infty$. In diesem Sinne nennt man die Werte β_i die *Unendlichkeitsstellen der Funktion*.

Über die Vorzeichenverhältnisse beiderseits einer Unendlichkeitsstelle gilt das für Nullstellen Gesagte entsprechend: Bei einer ein-fachen Unendlichkeitsstelle sind die Vorzeichen beiderseits verschieden, etc.

Stimmen zufällig ein α und ein β überein, so ist der Funktionswert an dieser Stelle unbestimmt.

(γ) Für betragsmäßig sehr große Werte x, die genügend weit außerhalb aller Null- und Unendlichkeitsstellen liegen, kann man das sog. *asymptotische Verhalten* der Funktion – als eine Näherung – betrachten. Man erkennt es am besten aus der Form Gl. [82], indem man so weit durchdividiert, wie x^n-Glieder mit nicht negativen n entstehen.

Beispiel:

$$y = \frac{x^2 + x - 6}{x} = x + 1 \left(-\frac{6}{x} \right)$$

verhält sich asymptotisch wie

$$y = x + 1$$

(denn für große $|x|$ wird der eingeklammerte Term vernachlässigbar klein).

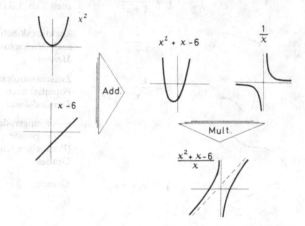

Abb. 2.16. Additive und multiplikative Kombination von Funktionen

Null- und Unendlichkeitsstellen sowie das asymptotische Verhalten geben – zusammen mit den leicht durch eine Überschlagsrechnung feststellbaren Vorzeichen der Funktion – dem Funktionsbild das wesentliche Gerüst.

Tab. 2.1. Einige algebraische Funktionen

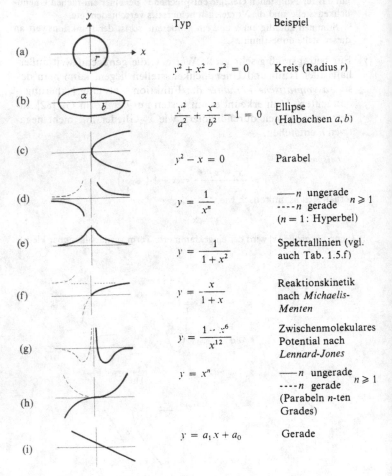

	Typ	Beispiel
(a)	$y^2 + x^2 - r^2 = 0$	Kreis (Radius r)
(b)	$\dfrac{y^2}{a^2} + \dfrac{x^2}{b^2} - 1 = 0$	Ellipse (Halbachsen a, b)
(c)	$y^2 - x = 0$	Parabel
(d)	$y = \dfrac{1}{x^n}$	—— n ungerade ---- n gerade $\quad n \geqslant 1$ ($n = 1$: Hyperbel)
(e)	$y = \dfrac{1}{1 + x^2}$	Spektrallinien (vgl. auch Tab. 1.5.f)
(f)	$y = \dfrac{x}{1 + x}$	Reaktionskinetik nach *Michaelis-Menten*
(g)	$y = \dfrac{1 - x^6}{x^{12}}$	Zwischenmolekulares Potential nach *Lennard-Jones*
(h)	$y = x^n$	—— n ungerade ---- n gerade $\quad n \geqslant 1$ (Parabeln n-ten Grades)
(i)	$y = a_1 x + a_0$	Gerade

Kurvenbilder nur qualitativ!

Dieser Überblick ist allerdings nur dann rasch zu gewinnen, wenn Zähler- und Nennerpolynom in der Produktform bekannt sind. Liegen sie in der Summenform vor, so sind zunächst die algebraischen Gleichungen $P_Z = 0$ und $P_N = 0$ zu lösen. Das ist im allgemeinen – von der quadratischen Gleichung abgesehen – nur näherungsweise möglich.

Um weitere qualitative Merkmale zu erkennen, empfiehlt es sich oft, die Funktion aus überschaubaren Teilfunktionen additiv oder multiplikativ zu kombinieren. Zur Illustration betrachten wir noch einmal das Beispiel von oben, das sich unschwer von der Summen- in die Produktform bringen läßt:

$$y = \frac{x^2 + x - 6}{x} = \frac{(x+3)(x-2)}{x}.$$

Man kann den Funktionsverlauf qualitativ abschätzen, indem man z. B. erst die Parabel $y = x^2$ mit der Geraden $y = x - 6$ additiv kombiniert (Addition der y-Werte bei gleichen x, graphisch leicht zu übersehen), und das Ergebnis dann mit $y = 1/x$ multiplikativ kombiniert (was qualitativ auch ohne numerische Rechnung möglich ist). Abb. 2.16. skizziert die einzelnen Schritte. Natürlich kann man nach Belieben auch anders verfahren, hier z. B. von der Produktform ausgehen.

Eine Übersicht über einige algebraische Funktionstypen*) von praktischer Bedeutung gibt Tab. 2.1. Als *Meß*größen überstreichen die Variablen häufig nicht den gesamten *mathematisch* möglichen Bereich (z. B. mögen nur positive x-Werte sinnvoll sein). Damit sind insbesondere die Unendlichkeitsstellen nur von formaler Bedeutung; meßbare Größen, die gegen Unendlich wachsen, kommen naturgemäß nicht in Frage. Wie man sieht, sind die Funktionsbilder recht vielfältig. Gemeinsame charakteristische Züge, wie wir sie bei den transzendenten Funktionen finden werden, sind hier nicht zu erkennen.

2.2.2. Trigonometrische Funktionen

(I) Definitionen

Wir rekapitulieren die geometrischen Definitionen der trigonometrischen Funktionen (Winkelfunktionen, Kreisfunktionen) am rechtwinkligen Dreieck und am Einheitskreis (Kreis mit Radius = 1). Dazu ist in Abb. 2.17. ein Dreieck mit der Hypothenuse = 1 und = Kreisradius gezeichnet. Die Funktionen Cosinus und Sinus sind in Abhängigkeit vom eingezeichneten Winkel φ wie folgt definiert:

---

*) Weil wir Funktionstypen darstellen, verzichten wir der Übersichtlichkeit halber auf alle aus Dimensionsgründen erforderlichen Koeffizienten, behandeln also x und y wie reine Zahlen.

$$\cos\varphi = \frac{\text{Ankathete}}{\text{Hypothenuse}} = \text{Strecke } c,$$

$$\sin\varphi = \frac{\text{Gegenkathete}}{\text{Hypothenuse}} = \text{Strecke } s.$$

(Der mittlere Teil der Gleichungen gilt für jedes rechtwinklige Dreieck, der rechte nur für die Hypothenusenlänge $= 1$ oder den Einheitskreis.) – Ferner werden Tangens und Cotangens definiert als

$$\tan\varphi = \frac{\sin\varphi}{\cos\varphi} = \frac{\text{Gegenkathete}}{\text{Ankathete}},$$

$$\cot\varphi = \frac{1}{\tan\varphi}.$$

Der Winkel φ ist im Bogenmaß zu messen, s. Gl. [12]; diese Angabe ist dimensionslos!

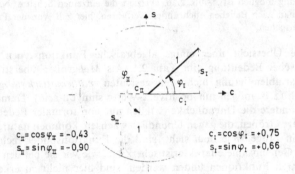

$c_{II} = \cos\varphi_{II} = -0,43$
$s_{II} = \sin\varphi_{II} = -0,90$

$c_I = \cos\varphi_I = +0,75$
$s_I = \sin\varphi_I = +0,66$

Abb. 2.17. Definition der Winkelfunktionen $\cos\varphi$ und $\sin\varphi$

(II) Übersicht

Wir verallgemeinern die zunächst an geometrischen Winkeln orientierten Winkelfunktionen, indem wir für φ irgendeine andere dimensionslose, zugleich mit der Meßgröße x variable Größe einsetzen. Unserer Vorbemerkung zu diesem Kapitel folgend, setzen wir also

$$\varphi = kx \tag{84}$$

mit einem konstanten Koeffizienten k, der die Dimension von $1/x$ haben muß. Wegen seiner Bedeutung bei Schwingungsproblemen wird φ oft als „Phase" bezeichnet.

Die Winkelfunktionen

$$y = \hat{y} \cos kx,$$
$$y = \hat{y} \sin kx \qquad [85]$$

sind in Tab. 2.2. in graphischer Form und mit einigen charakteristischen Funktionswerten angegeben. Sie sind definiert für beliebige x und sind periodisch mit dem Grundintervall $\varphi = 0 \ldots 2\pi$. Der Cosinus ist eine gerade, der Sinus eine ungerade Funktion*).

Der Sinus ist nichts anderes als ein längs der φ- oder x-Achse um eine Viertel Periode verschobener („phasenverschobener") Cosinus:

$$\sin \varphi = \cos \left(\varphi - \frac{\pi}{2} \right). \qquad [86]$$

Beide sind also nicht unabhängig voneinander, was sich auch in der trigonometrischen Fassung des Pythagoras ausdrückt:

$$\sin^2 \varphi = 1 - \cos^2 \varphi. \qquad [87]$$

Die hier vorkommenden Quadrate der Winkelfunktionen**) lassen sich – ebenso wie auch höhere Potenzen – umformen in lineare Ausdrücke, die ganzzahlige Vielfache des ursprünglichen Arguments enthalten („Harmonische", vgl. dazu auch Kap. 12.2.):

$$\cos^2 \varphi = \frac{1}{2} (1 + \cos 2\varphi),$$
$$\sin^2 \varphi = \frac{1}{2} (1 - \cos 2\varphi). \qquad [88a]$$

Das ist die Umkehrung der in Kap. 1.1.1.VI hergeleiteten Beziehungen. Es handelt sich um Spezialfälle ($\varphi = \psi$) der allgemeinen Umrechnung

$$\cos \varphi \cos \psi = \frac{1}{2} [\cos (\varphi - \psi) + \cos (\varphi + \psi)],$$
$$\sin \varphi \sin \psi = \frac{1}{2} [\cos (\varphi - \psi) - \cos (\varphi + \psi)]. \qquad [88b]$$

Diese beiden Gleichungen lassen sich auch nach $\cos (\varphi - \psi)$ oder $\cos (\varphi + \psi)$

---

*) Die Funktionsbilder sind überdies symmetrisch zu den Maxima oder Minima. Dies bedenkend, kann man die Funktionswerte für beliebige φ angeben, wenn man die im Bereich $0 \ldots \pi/2$ kennt.

**) Die Schreibweise $\sin^2 \varphi$ bedeutet das Quadrat von $\sin \varphi$, genauer: $(\sin \varphi)^2$. Entsprechend verfährt man bei allen Winkelfunktionen, z.B. ist $\tan^n \varphi = (\tan \varphi)^n$. Vorsicht ist nur bei Exponenten $n = -1$ geboten! Gelegentlich wird dadurch nämlich die Umkehrfunktion ($\rightarrow$ Abschnitt IV) gekennzeichnet, so daß z.B. $\tan^{-1}$ als arctan zu lesen ist.

111

Tab. 2.2. Trigonometrische Funktionen

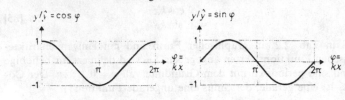

φ	$\cos\varphi$	$\sin\varphi$
0	1	0
$\pi/6$ (30°)	$\sqrt{3}/2$	1/2
$\pi/4$ (45°)	$\sqrt{2}/2$	$\sqrt{2}/2$
$\pi/3$ (60°)	1/2	$\sqrt{3}/2$
$\pi/2$ (90°)	0	1

Die Tangentensteigung in den Nulldurchgängen ist ± 1. Daher ist näherungsweise für kleine φ, also $|\varphi| \ll 1$:

$$\sin\varphi \approx \varphi.$$

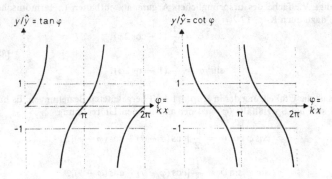

φ	$\tan\varphi$	$\cot\varphi$
0	0	$\rightarrow\infty$
$\pi/4$ (45°)	1	1
$\pi/2$ (90°)	$\rightarrow\infty$	0

Die Tangentensteigung in den Nulldurchgängen ist ± 1. Daher ist näherungsweise für kleine φ, also $|\varphi| \ll 1$:

$$\tan\varphi \approx \varphi.$$

112

auflösen. Die so erhältlichen Umrechnungen werden als Additionstheoreme bezeichnet:

$$\cos(\varphi - \psi) = \cos\varphi\,\cos\psi + \sin\varphi\,\sin\psi,$$
$$\cos(\varphi + \psi) = \cos\varphi\,\cos\psi - \sin\varphi\,\sin\psi.$$
[88c]

(Additionstheoreme für andere Winkelfunktionen findet man in einschlägigen Formelsammlungen.)

Tangens und Cotangens sind Winkelfunktionen mit der Periode π. Entsprechend ihrer Definition existieren sie für alle φ mit Ausnahme von $\pi/2$ usw. (Tangens) resp. $0, \pi$ usw. (Cotangens). Tab. 2.2. zeigt auch diese Funktionen.

Bei transzendenten Funktionen kann man die Funktionswerte nicht elementar mittels der Grundrechenarten ausrechnen, was sie gelegentlich in den Ruf bringt, etwas Komplizierteres und Höheres zu sein. Das ist ungerechtfertigt: Die Funktionswerte sind aus Tabellen, vom Rechenschieber oder elektronischen Rechner jederzeit erhältlich, so daß man sie ohne Bedenken als „wohlbekannt" ansprechen darf. (Berechnet werden diese Werte durch Reihenentwicklungen, → Kap. 3.5.2. und 3.5.4.).

(III) Trigonometrische Funktionen bei der Beschreibung von Schwingungen und Wellen

Es ist bei den graphischen Darstellungen trigonometrischer Funktionen (wie auch bei anderen Angaben) darauf zu achten, ob man sich auf φ oder x als Variable bezieht! Das dimensionslose φ läuft von $0 \ldots 2\pi$, während zugleich das dimensionsbehaftete x (gemäß Gl. [84]) von $0 \ldots 2\pi/k$ läuft!

Wenn x eine Ortskoordinate ist (Dimension Länge), so stellen die Gl. [85] das Bild (sozusagen die Photographie) einer Welle dar. In diesem Fall setzt man

$$k = \frac{2\pi}{\lambda}, \quad \text{also} \quad \varphi = \frac{2\pi}{\lambda}x,$$
[89a]

und schreibt

$$y = \hat{y}\cos\frac{2\pi}{\lambda}x \quad \text{etc.}$$
[89b]

Über eine Periode ($\varphi = 0 \ldots 2\pi$) läuft nun x von $0 \ldots \lambda$. Man bezeichnet die Konstante λ als Wellenlänge. Sie wird in der gleichen Einheit wie x gemessen, so daß in der Tat φ dimensionslos ist.

Ist x dagegen die Zeit, so stellen die Funktionen [85] den zeitlichen Ablauf einer Schwingung dar. Für diesen Fall schreiben wir der Deutlichkeit halber t statt x und für die Konstante k die übliche Bezeichnung ω:

113

$$\omega = \frac{2\pi}{T}, \quad \text{also} \quad \varphi = \frac{2\pi}{T} t, \qquad [90a]$$

so daß

$$y = \hat{y} \cos \frac{2\pi}{T} t \quad \text{etc.} \qquad [90b]$$

ist. Über eine Periode läuft nun t von $0 \ldots T$. Man nennt die Konstante T die Schwingungsdauer: sie wird in der gleichen Einheit wie t angegeben.

In beiden betrachteten Fällen ist $\hat{y}$ die Amplitude der Welle oder Schwingung.

Zur vollständigen Gleichung einer fortschreitenden Welle → Gl. [104].

(IV) Zyklometrische Funktionen

Die Umkehrfunktionen der trigonometrischen Funktionen heißen zyklometrische Funktionen und werden durch die Zeichen arccos*), arcsin etc. symbolisiert. Sie sind – wegen der Periodizität der trigonometrischen Funktionen – allesamt unendlich vieldeutig. Wir geben als Beispiel in Abb. 2.18. den Verlauf der Funktion $y = \hat{y} \arctan kx$ wieder. In dem Streifen $\frac{y}{\hat{y}} = -\frac{\pi}{2} \cdots \frac{\pi}{2}$ liegen ihre „Hauptwerte".

Die *Arcustangens-Funktion* ist die wichtigste der zyklometrischen Funktionen; sie taucht mit einer gewissen Zwangsläufigkeit beim Integrieren rationaler Funktionen auf (→ Kap. 5.2.1.).

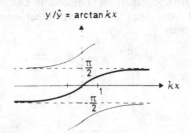

Abb. 2.18. Die Funktion $y = \hat{y} \arctan kx$

---

*) „Arcus Cosinus". Mit diesem Namen hat es folgende Bewandtnis: Ist $y = \cos \varphi$, so ist φ der Bogen (= Arcus, d. h. Winkel in Bogenmaß), dessen cos gleich y ist, daher: $\varphi = \arccos y$. – Im angelsächsischen Sprachgebrauch heißt es $\cos^{-1}$ statt arccos etc.

2.2.3. Exponentialfunktion und Logarithmusfunktion

(I) Erinnerung an die Potenzrechnung

Man lernt zunächst Potenzen a^n einer positiven Zahl a (*Basis*) mit ganzen positiven *Exponenten n* kennen. In einer ersten Erweiterung werden auch ganze negative n zugelassen, indem man festsetzt:

$$a^{-n} = \frac{1}{a^n}.$$

Eine zweite Erweiterung führt auf gebrochene Exponenten: Es ist

$$a^{\frac{1}{n}} = \sqrt[n]{a}.$$

Zusätzlich wird definiert:

$$a^0 = 1.$$

Damit sind Potenzen mit beliebigen (positiven oder negativen) *rationalen* Exponenten erklärt. Es steht nichts im Wege, schließlich überhaupt alle *reellen* Exponenten zuzulassen. Betrachtet man nun die Basis als Konstante und den Exponenten als Variable (x)*), so hat man eine Exponentialfunktion

$$y = a^x.$$

Der Logarithmus gibt die Auflösung dieser Gleichung nach x:

$$x = {}^a\log y$$

(wobei im allgemeinen die verwendete Basis dem Logarithmus-Zeichen beigefügt wird).

Von den Rechenregeln sei erinnert an:

$$a^x b^x = (ab)^x,$$
$$a^{x_1} a^{x_2} = a^{(x_1 + x_2)},$$
$$(a^{x_1})^{x_2} = a^{x_1 x_2},$$
$${}^a\log(x_1 x_2) = {}^a\log x_1 + {}^a\log x_2, \qquad [91]$$
$${}^a\log \frac{x_1}{x_2} = {}^a\log x_1 - {}^a\log x_2,$$
$${}^a\log x = {}^a\log b \cdot {}^b\log x.$$

(II) Die Exponentialfunktion

Die Basis a kann beliebige positive Werte haben; für das qualitative Verhalten der Exponential- oder Logarithmusfunktion ist das ohne Belang. Üblich sind für praktische Zwecke

*) Im Gegensatz dazu ist bei einer Potenzfunktion $y = x^n$ die Basis variabel und der Exponent konstant.

115

$$a = 10$$

(Zehnerpotenzen, Zehnerlogarithmen = dekadische Logarithmen) und für mathematische Zwecke

$$a = e$$

(s. Gl. [3]; damit gebildet: natürliche Logarithmen, Symbol ln statt ^{e}log*)).
Wir benutzen durchweg die Basis e. Die Umrechnung zur Basis 10 geht nach Gl. [91] leicht über $10 = e^{\ln 10}$ mit dem Zahlenwert

$$\ln 10 = 2{,}3026. \qquad [92a]$$

Es ist also

$$10^x = e^{2.3x} \qquad [92b]$$

oder für eine beliebige (positive) Zahl c

$$\ln c = 2{,}3 \cdot {}^{10}\log c. \qquad [92c]$$

Unter Berücksichtigung der Vorbemerkung zu diesem Kapitel schreiben wir die Exponentialfunktion (mit $k > 0$):

$$y = y_0\, e^{kx} \ **). \qquad [93a]$$

Durch Umdrehen der Richtung von x kommt man zur „negativen" Exponentialfunktion***):

$$y = y_0\, e^{-kx}, \qquad [93b]$$

deren Funktionsbild aus dem der erstgenannten durch Spiegelung an der y-Achse hervorgeht (Tab. 2.3. und Tab. 2.4.).

Der Vorfaktor ist mit y_0 bezeichnet, weil er den Funktionswert für die Stelle $x = 0$ darstellt ($e^0 = 1$!).

Die Exponentialfunktion ist für alle $x = -\infty \ldots +\infty$ definiert. Sie hat keine Nullstellen, und ihr Funktionswert ist stets $y > 0$. Gl. [93a] stellt eine streng monoton steigende, Gl. [93b] eine streng monoton fallende Funktion dar.

---

*) Die Bezeichnung der Logarithmen mit verschiedener Basis wird nicht einheitlich gehandhabt. In mathematischen Texten steht oft log statt ln. Der dekadische Logarithmus wird durch lg, aber auch durch log gekennzeichnet. Notfalls muß man aus dem Textzusammenhang erschließen, welche Basis benutzt wird.

**) Eine gleichwertige Schreibweise: $e^x = \exp x$ („Exponent"); also z. B. $y = y_0 \exp kx$.

***) Der Ausdruck „negative Exponentialfunktion" nimmt Bezug auf den Exponenten. Die Funktionswerte sind nach wie vor positiv!

Tab. 2.3. Exponentialfunktion

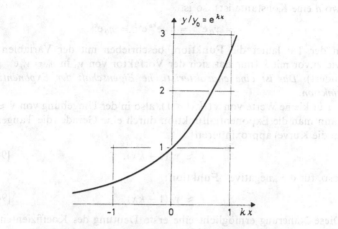

kx	e^{kx}	e^{-kx}
0	1	1
1	2,72	0,368
2	7,39	0,135
3	20,1	0,0498
4	54,6	0,0183
5	148,4	0,00674
6	403,4	0,00248
7	1097	0,000912
8	2981	0,000335

Die Tangentensteigung bei $x = 0$ ist 1. Daher gilt für kleine x, d.h. $|kx| \ll 1$:

$$e^{kx} \approx 1 + kx.$$

Mit dem Ansteigen bzw. Abfallen der beiden Funktionen hat es eine besondere Bewandtnis. Etwas lax ausgedrückt: Die Funktion e^{kx} steigt stärker als jede denkbare Potenzfunktion x^n, mag n auch noch so groß sein. Man meint damit: Für $x \to \infty$ geht das Verhältnis $e^{kx}/x^n \to \infty$. Wollte man also das asymptotische Verhalten von e^{kx} durch eine Potenz (Parabel höheren Grades) der Form x^n erfassen, so müßte man dazu $n \to \infty$ gehen lassen. Entsprechend gilt: e^{-kx} fällt für $x \to \infty$ stärker ab als jede reziproke Potenzfunktion $1/x^n$.

Die analytische Darstellung der Exponentialfunktion bleibt (bis auf den Vorfaktor) unverändert, wenn man auf der Skala der unabhängigen Variablen einen neuen Nullpunkt wählt. Denn angenommen,

117

man geht zu der gegen x verschobenen ξ-Skala über, also $x = a + \xi$ (wo a eine Konstante ist), so ist

$$y = y_0\,e^{kx} = y_0\,e^{ka}\,e^{k\xi} = \eta_0\,e^{k\xi}.$$

In der Tat lautet die Funktion, beschrieben mit der Variablen ξ, wie zuvor mit x (nur hat sich der Vorfaktor von y_0 in $\eta_0 = y_0\,e^{ka}$ geändert). *Das ist eine charakteristische Eigenschaft der Exponentialfunktion.*

Für kleine Werte von x ($|kx| \ll 1$), also in der Umgebung von $x \approx 0$, kann man die Exponentialfunktion durch eine Gerade (die Tangente an die Kurve) approximieren:

$$y \approx y_0(1 + kx), \qquad\qquad [94a]$$

resp. für die „negative" Funktion:

$$y \approx y_0(1 - kx). \qquad\qquad [94b]$$

Diese Näherung ermöglicht eine erste Deutung des Koeffizienten k. Nimmt x (von $x = 0$ ausgehend) um Δx zu, so wächst (sinkt) y nach Gl. [94a] resp. [94b] von y_0 auf $y_0(1 \pm k\Delta x)$, ändert sich also um $\Delta y = \pm y_0 k\Delta x$. Demnach ist

$$k = \frac{|\Delta y/y_0|}{\Delta x},$$

also das Verhältnis der *relativen* Änderung von y (d. h. $\Delta y/y_0$) zur gleichzeitigen *absoluten* Änderung von x (d. h. Δx). Wegen der oben genannten Eigenschaft der Exponentialfunktion, ihren Charakter bei einer Nullpunktsverschiebung nicht zu ändern, gilt das nicht nur für $x \approx 0$, sondern für beliebige Werte x der unabhängigen Variablen, sofern man die relative y-Änderung jeweils *auf den zu x gehörigen Funktionswert y bezieht*:

$$k = \frac{|\Delta y/y|}{\Delta x}. \qquad\qquad [95]$$

Voraussetzung ist nur, daß man die Änderungen als „klein" ansprechen darf.

Die korrekte Formulierung von Gl. [95] benötigt den Begriff des Differentials ($\rightarrow$ Kap. 3.1.3.). Damit wäre dann

$$k = \frac{|dy/y|}{dx}$$

zu schreiben.

Eine bekannte Veranschaulichung ist der Zinseszinseffekt. Ein Kapital wächst (etwa) exponentiell, wenn in gleichen absoluten Abständen (Jahr) es um den gleichen relativen Betrag (Zinsen auf das *jeweils vorhandene* Kapital) vermehrt wird.

Die Exponentialfunktion ist eine der wichtigsten, in naturwissenschaftlichen Anwendungen vorkommenden Funktionen.

Das Exempel par excellence ist der radioaktive Zerfall, bei dem – in Umkehrung des Zinseszinsbeispiels – pro absolutem Zeitabschnitt immer der gleiche relative Anteil zerfällt. Die Substanzmenge y wird also gemäß Gl. [93b] abnehmen; x ist die Zeit, k die Zerfallskonstante. Häufig verwendet man eine zu k reziproke Konstante τ, die dann dimensionsmäßig eine Zeit („Abklingzeit") ist:

$$y = y_0 e^{-t/\tau}.$$

Nach der charakteristischen Zeit $t = \tau$ hat die Anfangsmenge jeweils auf das $1/e$-fache (etwa 37 %) abgenommen – gleichgültig, zu welchem Zeitpunkt man zu messen beginnt! Statt τ gibt man auch gern die Halbwertszeit $T_{1/2}$ an, nach welcher die Anfangsmenge auf 50 % abgesunken ist. Es ist $\tau = 1{,}44\, T_{1/2}$.

Allgemein treten Exponentialfunktionen immer auf, wenn die sog. Änderungs*rate* – das ist die auf der rechten Seite von Gl. [95] stehende Größe – eine *Konstante* ist. Sie sind damit typisch für alle Vorgänge des ungehemmten Wachstums oder Zerfalls.

(III) Einige Abkömmlinge der Exponentialfunktion

(α) Im Zusammenhang mit der „negativen" Exponentialfunktion tritt in den Anwendungen oft die komplementäre Funktion

$$y = y_0 (1 - e^{-kx}) \qquad [96]$$

auf, die in Tab. 2.4. für den Bereich $x > 0$, in dem allein sie interessiert, dargestellt ist.

Vorkommen: Als Anstieg gegen einen Grenzwert ($x =$ Zeit) bei der Kondensatoraufladung und ähnlichen Prozessen, die nicht sprunghaft auf das „Einschalten" folgen.

(β) Die Funktion

$$y = y_0 e^{-\frac{1}{kx}} \qquad [97]$$

hat den in Tab. 2.4. gezeigten Verlauf, von dem aber in den Anwendungen nur der Bereich $x > 0$ interessant ist.

Vorkommen: Temperaturabhängigkeit physikalisch-chemischer Größen ($x =$ Temperatur).

119

Tab. 2.4. Einige mit der Exponentialfunktion zusammenhängende Funktionen

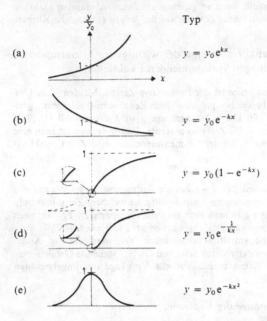

Typ

(a) $y = y_0 e^{kx}$

(b) $y = y_0 e^{-kx}$

(c) $y = y_0 (1 - e^{-kx})$

(d) $y = y_0 e^{-\frac{1}{kx}}$

(e) $y = y_0 e^{-kx^2}$

Kurvenbilder nur qualitativ! Es ist k eine Konstante, $k > 0$.

(γ) Ersetzt man in der „negativen" Exponentialfunktion den Exponenten $-kx$ durch $-kx^2$, so erhält man

$$y = y_0 e^{-kx^2}.$$

Vorkommen: Statistik (Kap. 1.2.1.) und statistische Naturvorgänge (Tab. 1.5.).

Anschaulich betrachtet, geht diese Funktion aus dem rechten Zweig der „negativen" Exponentialfunktion hervor, indem man diesen zunächst an der y-Achse spiegelt (die Funktion ist ja gerade) und dann das Bild gemäß dem Übergang von x auf x^2 verzerrt: Für kleine x ($x < 1$) Dehnung in der x-Richtung, für große x ($x > 1$) Stauchung (zu einer derartigen Maßstabsänderung → Kap. 2.2.5.).

Tab. 1.5. enthält noch einige weitere, mit der Exponentialfunktion zusammenhängende Funktionen.

(IV) Die Logarithmusfunktion

Die Umkehrung der Exponentialfunktion ist die Logarithmus-funktion

$$y = y_0 \ln kx \qquad [98]$$

mit dem in Abb. 2.19. dargestellten Verlauf*).

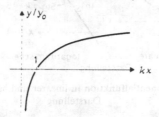

Abb. 2.19. Die Funktion $y = y_0 \ln kx$

Diese Funktion ist nur für $kx > 0$ definiert. Sie ist in diesem Bereich eine streng monoton steigende Funktion mit einer Nullstelle bei $kx = 1$. Die Funktionswerte des negativen Astes sind mit denen des positiven verknüpft durch die Beziehung

$$\ln \frac{1}{kx} = -\ln kx. \qquad [99]$$

(V) Der Logarithmus bei der Darstellung von Meßgrößen

Angenommen, es bestehe zwischen zwei Meßgrößen x, y eine exponentielle Abhängigkeit:

$$y = y_0 e^{\pm kx}. \qquad [100a]$$

Durch Logarithmieren auf beiden Seiten erhält man daraus unter Beachtung der Rechenregeln Gl. [91]

$$\ln y = \ln y_0 \pm kx \qquad [100b]$$

(da definitionsgemäß $\ln e^{\pm kx} = \pm kx$ ist).

Gl. [100b] ist eine etwas bedenkliche Schreibweise, weil man die Logarithmen dimensionsbehafteter Größen darin stehen hat. Man kann das richtigstellen, indem man

$$\ln \frac{y}{y_0} = \pm kx \qquad [100c]$$

schreibt, wo beide Seiten dimensionslos sind.

---

*) Die Konstanten k und y_0 sind nicht dieselben wie in Gl. [93a], falls man die eine Gleichung als Umkehrung der anderen ansehen wollte.

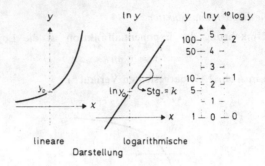

Abb. 2.20. Exponentialfunktion in linearer und halblogarithmischer Darstellung

Betrachtet man nur die Zahlenwerte, so ist es gestattet,

$$\ln y = \eta$$

als neue Variable anzusehen. Mit ihr stellt sich die Gl. [100b] als Geradengleichung

$$\eta = \eta_0 \pm kx$$

dar. Die Auftragung von $\ln y$ (statt y) gegen x ergibt also eine (steigende oder fallende) *Gerade*, falls y einer (steigenden oder fallenden) *Exponentialfunktion* folgt.

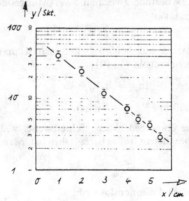

Abb. 2.21. Beispiel für die Auftragung von Meßergebnissen auf Logarithmenpapier

122

Von dieser *einfachlogarithmischen* (halblogarithmischen) *Darstellung* wird häufig Gebrauch gemacht, entweder um zu überprüfen, ob tatsächlich ein exponentieller Zusammenhang vorliegt, oder aber um auf einfachem Wege den Koeffizienten k zu bestimmen.

Dazu kann man das übliche logarithmisch geteilte Papier verwenden. An seine eine, nichtlinear geteilte Achse ist nicht der Logarithmus $\eta = \ln y$, sondern die (Meß-)Größe y selbst angeschrieben, so daß sich deren rechnerisches Logarithmieren erübrigt. Man pflegt hier von den dekadischen Logarithmen auszugehen. Es ist die Eigenart der logarithmischen Teilung, daß gleiche Strecken der gleichen relativen Änderung von y entsprechen; auf dem Papier erscheinen daher gleich große *Dekaden*, in denen y jeweils um den Faktor 10 wächst.

Beispiel: Abb. 2.21. zeigt eine Reihe von Meßpunkten in einfachlogarithmischer Auftragung. Mittels geeigneter Hilfslinien stellt man fest, daß die Ausgleichsgerade auf 4,0 cm um 1 Dekade fällt, d.h. es ist $\Delta x = 4,0$ cm für $\Delta^{10} \log y = 1,0$. Letzteres ist nach Gl. [92c] auf natürliche Logarithmen umzurechnen: $\Delta \ln y = \Delta \eta = 2,30$. Der gesuchte Koeffizient k ergibt sich zu $k = \Delta \eta / \Delta x = 0,57_5 \cdot 1/\text{cm}$.

Im logarithmischen Maßstab liefern des weiteren auch andere Funktionen bei geeigneter Auftragung gerade Linien, so z.B. Gl. [97], wenn man wieder $\ln y$ auf der einen Achse, nun aber $1/x$ (statt x) auf der anderen Achse aufträgt (*Arrhenius-Diagramm* in der physikalischen Chemie, wo x die Temperatur ist).

Die logarithmische Darstellung von Meßergebnissen ($\ln y$ gegen x) hat auch in Fällen, wo der Zusammenhang zwischen x und y nicht exponentiell ist, einige Vorzüge gegenüber der linearen:

(α) Es lassen sich größere Variationsbereiche der Variablen y darstellen.

(β) Die Multiplikation von y mit irgendeiner Konstanten c macht sich nur in einer Parallelverschiebung des Kurvenbildes (um $\ln c$) bemerkbar; sein Charakter bleibt im übrigen erhalten. Die Darstellung empfiehlt sich daher für den Fall, daß y in „willkürlichen Einheiten" gemessen wurde, d.h. einen unbestimmten Faktor enthält.

(γ) Meßpunkte mit gleichem *relativen Fehler* haben in der logarithmischen Darstellung alle *gleich große Fehlerbalken*. Das ist sehr vorteilhaft bei der Betrachtung und Bewertung von Meßergebnissen, etwa im Hinblick auf berechnete Ausgleichskurven. In linearer Darstellung wird man nur zu leicht geneigt sein, Meßpunkte mit kleinen y-Werten, aber gleichem relativen Fehler gegenüber größeren y-Werten nicht genügend zu würdigen.

Allen diesen Anwendungen liegt die Eigenschaft zugrunde, daß sich die Multiplikation im logarithmischen Maßstab als Addition darstellt (worauf bekanntlich der Rechenschieber beruht). Gelegentlich gibt man deshalb Größen, die multiplikativ zusammenhängen, von vorneherein im logarithmischen Maß an, um leichter mit ihnen umgehen zu können.

Beispiel: Eine Welle (Schall oder Licht) werde beim Durchtritt durch eine absorbierende Substanz gedämpft. Als Dämpfung D wird das Verhältnis der Leistung hinter der Schicht, N, zu der vor der Schicht, N_0, angegeben: $D = N/N_0$ (eine dimensionslose Größe!). – Folgen zwei Schichten hintereinander, so ist die resultierende Dämpfung $D = D_1 D_2$. In einem logarithmischen Dämpfungsmaß braucht man die Einzelwerte nur zu addieren. Üblich ist hier der Gebrauch des dekadischen Logarithmus, und zwar als Dezibel-Maß (Abkürzung: dB):

$$\text{dB-Zahl} = 10 \cdot {}^{10}\!\log D = 10 \cdot {}^{10}\!\log \frac{N}{N_0}.$$

Bei Wellen ist die Leistung dem Amplitudenquadrat ($\hat{y}^2$) proportional, so daß man ebenso gut schreiben kann:

$$\text{dB-Zahl} = 10 \cdot {}^{10}\!\log \frac{\hat{y}^2}{\hat{y}_0^2} = 20 \cdot {}^{10}\!\log \frac{\hat{y}}{\hat{y}_0}.$$

Die Bezugsgröße (N_0 oder $\hat{y}_0$) kann auch willkürlich festgelegt werden (z. B. die Hörschwelle bei Schalldruckangaben); wesentlich ist nur, daß ein dimensionsloses Verhältnis betrachtet wird.

Schließlich ist noch die *doppeltlogarithmische Darstellungsweise* von Meßergebnissen zu erwähnen, bei der man $\ln y$ gegen $\ln x$ aufträgt. In ihr erscheinen *Potenzfunktionen* als *Gerade*, denn

$$y = a_n x^n$$

ergibt logarithmiert

$$\ln y = \ln a_n + n \ln x.$$

Die Gerade hat die Steigung n. So findet man graphisch den Grad der Potenz.

2.2.4. Zwei spezielle, stückweise definierte Funktionen

Die bisher besprochenen Funktionstypen waren alle durch *einen* analytischen Ausdruck darstellbar. Wir führen nun noch zwei Funktionen mit stückweise gegebenen Definitionen an, welche bei theoretischen Betrachtungen vorkommen.

(I) Die Sprungfunktion

Wir definieren folgende Funktion:

$$S(x) = 0 \quad \text{für alle } x < 0,$$
$$S(x) = 1 \quad \text{für alle } x > 0, \qquad\qquad [101a]$$

deren graphische Darstellung Abb. 2.22. zeigt. Man bezeichnet sie als Sprungfunktion, Einheitssprung oder *Einschaltfunktion*.

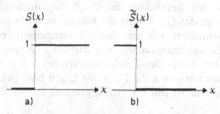

Abb. 2.22. a) Einschalt-, b) Ausschaltfunktion

Die Einschaltfunktion läßt sich als Grenzfall einer Funktion etwa vom Typ des arctan x (Abb. 2.18.) – jedoch mit Funktionswerten im Streifen 0 ... 1 – auffassen, die in x-Richtung beliebig zusammengestaucht wurde.

In Gl. [101a] haben wir es vermieden, den Funktionswert mit y zu bezeichnen, weil y vereinbarungsgemäß Meßgrößen symbolisiert, während $S(x)$ – gemäß der Definition für den Bereich $x > 0$ – als stets dimensionslos festgelegt ist. Das „Einschalten" einer dimensionsbehafteten physikalischen Größe y, die

$$y = 0 \quad \text{für alle } x < 0,$$
$$y = y_0 \text{ für alle } x > 0$$

ist, kann man schreiben als

$$y = y_0 S(x). \qquad\qquad [101b]$$

Die betreffende Dimension haftet dann an y_0.

Komplementär zur Einschaltfunktion ist die *Abschaltfunktion*

$$\tilde{S}(x) = 1 \quad \text{für alle } x < 0,$$
$$\tilde{S}(x) = 0 \quad \text{für alle } x > 0. \qquad\qquad [102]$$

Die beiden Definitionen sind insofern unvollständig, als über den Funktionswert für $x = 0$ nichts gesagt wurde. Zur Vervollständigung setzen wir fest, daß

$$S(0) = \tilde{S}(0) = 1/2$$

sein soll. Das ist aber nicht zwingend; man könnte z. B. auch die Werte 0 oder 1 vorschreiben, ohne daß das praktische Konsequenzen hätte. – Daß die Definition des Funktionswertes für einen einzelnen Punkt durchaus kritisch sein kann, zeigt das folgende Beispiel.

125

(II) Die δ-Funktion

Wir versuchen – in sehr laxer Ausdrucksweise – folgende Funktion zu definieren:

$$\delta(x) = 0 \quad \text{für alle } x \neq 0,$$
$$\delta(x) = \infty \quad \text{für } x = 0 \ *).$$

[103a]

Der zweite Teil der Definition ist – so, wie er geschrieben ist – an sich unsinnig. Wir können ihm aber eine Bedeutung durch folgende Präzisierung geben. Wir betrachten die *Gauß*sche Glockenkurve. In der normierten Form der Gl. [38] ist die Fläche unter ihr stets = 1. Diese Funktion verschmälern wir nun durch Verringerung von σ oder entsprechendes Zusammenstauchen in x-Richtung. Wegen der Flächenkonstanz wächst dabei der Funktionswert bei $x = 0$ immer weiter, während für alle übrigen x die Funktion gegen Null geht. Der Grenzfall dieser Prozedur ist mit Gl. [103a] gemeint.

Die Anschauung versagt freilich, wie wir schon früher bemerkt haben, bei Grenzübergängen. Der angegebene Weg zur δ-Funktion hat deshalb auch nur den Wert einer Plausibilitätsbetrachtung. Im streng mathematischen Sinne haben wir es überhaupt nicht mit einer Funktion zu tun. Für die Anwendung ergibt das aber keine Einschränkung. Gewöhnlich tritt $\delta(x)$ unter Integralen auf. Vorausgreifend sei die in diesem Zusammenhang mögliche implizite Definition von $\delta(x)$ mitgeteilt: Für eine gegebene Funktion $f(x)$ ist

$$\int\limits_{-\infty}^{\infty} f(x)\delta(x-a)\,\mathrm{d}x = \int\limits_{-\infty}^{\infty} f(x)\delta(a-x)\,\mathrm{d}x = f(a).$$

[103b]

Die *δ-Funktion* ist nicht zu verwechseln mit dem sog. *Kronecker-Symbol* δ_{mn}, einer doppelt indizierten Abkürzung, welche

$$\delta_{mn} = 0 \quad \text{für } m \neq n,$$
$$\delta_{mn} = 1 \quad \text{für } m = n$$

bedeutet. Hier sind mit m und n ganze Zahlen gemeint. Die beiden δ-Symbole haben analoge Zwecke einmal im Bereich der kontinuierlichen, zum anderen der diskreten Variablen.

2.2.5. Modifikation gegebener Funktionen durch multiplikative oder additive Zusätze

Alle Funktionen, so auch die bisher behandelten, lassen sich durch multiplikativ oder additiv hinzugefügte Konstanten modifizieren.

---

*) Allgemeiner: $\delta(x - a) = 0$ für alle $x \neq a$,
$\delta(x - a) = \infty$ für $x = a$.

Dabei ändert sich im Funktionsbild der Maßstab oder der Nullpunkt, nicht aber der Charakter der Kurve. Wir fassen die verschiedenen Möglichkeiten noch einmal zusammen.

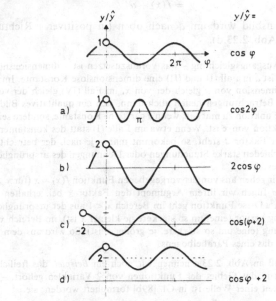

Abb. 2.23. Modifikation einer Funktion durch additive oder multiplikative Zusätze

Es sei a eine Konstante. In den Beispielen ist $a > 0$ angenommen. Vorgegeben sei eine Funktion $f(x)$.

(I) $$y = f(ax).$$

Das Funktionsbild geht aus dem von $f(x)$ durch Stauchung in der x-Richtung im Verhältnis $1/a$ hervor (Abb. 2.23.a).

(II) $$y = af(x).$$

Das Funktionsbild wird in der y-Richtung um den Faktor a gedehnt (Abb. 2.23.b).

(III) $$y = f(x + a).$$

Das Funktionsbild wird um a nach links (nach negativen x, wenn a positiv) verschoben (Abb. 2.23.c). Entsprechend:

127

$$y = f(x - a)$$

ergibt eine Verschiebung um a nach rechts.

(IV) $$y = f(x) + a.$$

Das Funktionsbild wird um a nach oben (in positiver y-Richtung) verschoben (Abb. 2.23.d).

Wenn die Ausgangsgleichung – was vorauszusetzen ist – dimensionsmäßig konsistent ist, ist a in Fall (I) und (II) eine dimensionslose Konstante. Im Fall (III) ist die Dimension von a gleich der von x, im Fall (IV) gleich der von y.

Die obigen Betrachtungen helfen auch dann, sich ein qualitatives Bild der modifizierten Funktion zu machen, wenn a gar keine Konstante, sondern seinerseits eine Funktion von x ist. Wenn etwa im Falle (I) statt des konstanten ein mit x variabler Faktor a steht, so bekommt man – je nach der betrachteten Stelle x – verschieden starke Stauchungen oder Dehnungen des ursprünglichen Funktionsbildes.

Beispiel: Wir gehen aus von der vorgegebenen Funktion $f(x) = x$ (für $x \geqslant 0$). Anstelle von a fügen wir ihrem Argument den Faktor x bei, erhalten also $y = f(x \cdot x) = x^2$. Diese Funktion geht im Bereich $x < 1$ aus der ursprünglichen durch Dehnung hervor (eine um so stärkere, je kleiner x ist), im Bereich $x > 1$ durch Stauchung (eine um so stärkere, je größer x ist). So wird aus dem Bild einer Geraden das eines Parabelbogens.

Im Anschluß an Abb. 2.23.c nennen wir noch ein *Beispiel*, das freilich im Grunde schon in das Gebiet der Funktionen von 2 Variablen gehört. – Die Ortsabhängigkeit einer Welle ist in Gl. [89b] formuliert worden; sie ist

$$y = \hat{y} \cos \frac{2\pi}{\lambda} x.$$

Dieses Bild möge sich zu einem Zeitpunkt bieten, den wir als $t = 0$ festlegen. Wir lassen nun das Bild der Welle, wie es ihrem Fortschreiten entspricht, sich längs der x-Achse in positiver Richtung verschieben. Nach (III) ist dann ein entsprechender Wert a von x abzuziehen. Der Einfachheit halber schreiben wir $\frac{2\pi}{\lambda} a = \varphi$ und erhalten damit die Gleichung der verschobenen Kurve zu

$$y = \hat{y} \cos \left(\frac{2\pi}{\lambda} x - \varphi \right).$$

Nun möge φ zeitproportional wachsen, so daß sich das Bild mit gleichmäßiger Geschwindigkeit nach rechts bewegt. Dann ist φ zu identifizieren mit der in Gl. [90a] aufgeführten Phase. Also ergibt sich als vollständige Gleichung einer in positiver x-Richtung *fortschreitenden Welle*:

$$y = \hat{y} \cos \left(\frac{2\pi}{\lambda} x - \frac{2\pi}{T} t \right). \tag{104}$$

Hier hängt in der Tat y von *zwei Variablen*, nämlich dem Ort x und der Zeit t, ab; die früher aufgeführten Gleichungen sind die Spezialfälle für einen festen Zeitpunkt ($t = 0$; Gl. [89b]) resp. einen festen Ort ($x = 0$; Gl. [90b]).

2.3. Die Stetigkeit von Funktionen

Die im vorigen Abschnitt erklärte Sprungfunktion hat mit der Tangensfunktion eine Eigenheit gemeinsam: Beide weisen Stellen auf, an denen der zügige Kurvenverlauf unterbrochen ist. Diese Sprung- oder Unendlichkeitsstellen werden als *Unstetigkeiten* bezeichnet. Die meisten besprochenen Funktionen zeigen solche Unstetigkeiten nicht. Man wird – ganz anschaulich an der graphischen Darstellung orientiert – eine Funktion insoweit als *stetig* bezeichnen, als sich ihr *Kurvenbild mit einem Bleistiftstrich ohne Absetzen* zeichnen läßt. Da die Stetigkeit eine wichtige mathematische Eigenschaft ist, wollen wir uns aber mit dieser Umschreibung nicht begnügen, sondern uns um eine genauere Fassung bemühen. Für den streng definierenden Mathematiker ist das auch deshalb nötig, weil der Funktionsbegriff mehr umfaßt als nur die mit Bleistift und Papier darstellbaren Fälle, so daß eine vom Bild her einleuchtende Aussage nicht immer allgemeingültig zu sein braucht. – Bei dieser Gelegenheit soll auch der immer wieder auftauchende Begriff des Grenzwertes näher betrachtet werden.

2.3.1. Grenzwerte und Stetigkeit

(I) Grenzwert einer Zahlenfolge

Schon früher (Kap. 1.1.1.I.) hatten wir kurz eine Zahlenfolge betrachtet. Wir greifen darauf zurück, um zunächst die Begriffe Konvergenz und Grenzwert zu erläutern.

Unter einer Zahlenfolge versteht man eine geordnete, vorgegebene Aneinanderreihung von Zahlen y_n, die nach einem bestimmten Schema zu jedem Index n gebildet werden: $y_1, y_2, y_3 \ldots y_n \ldots$. Wir nehmen an, daß die Folge nicht abbricht (daß die y_n nicht schließlich alle Null werden). Es liege also eine *unendliche Zahlenfolge* vor. Dann kann es sein (es muß aber nicht), daß die Zahlen immer näher an eine bestimmte Zahl, den *Grenzwert* der Folge, heranrücken. Man sagt, um das zu präzisieren:

Die Zahlenfolge strebt dann einem Grenzwert g zu („konvergiert gegen g"), wenn von einer gewissen Index-Nummer N ab (also für alle Zahlen y_n mit $n > N$) die Differenz zu g eine vorzugebende, *von*

Null verschiedene Grenze ε betragsmäßig nie mehr überschreitet:

$$|y_n - g| < \varepsilon \quad \text{für} \quad n > N. \qquad [105]$$

Die späteren Zahlen der Folge (ab y_N, also y_{N+1}, y_{N+2} ...) sind – das ist wesentlich – *ohne Ausnahme* weniger als ε von g verschieden. Für den Tatbestand der Konvergenz kommt es gar nicht auf den Zahlenwert N an sich an, sondern nur darauf, überhaupt ein N zu finden, so daß Gl. [105] erfüllbar ist. Gelingt das nicht, so ist die Folge divergent (nicht-konvergent).

Man kann N größer und zugleich ε kleiner und kleiner machen. Das bedeutet: Je weiter man mit dem Index n in der Folge fortschreitet, desto näher kommen die Zahlen y_n dem Grenzwert g, ja sie werden ihm schließlich beliebig nahe kommen. Man schreibt dafür mit dem Limes-Symbol:

$$\lim_{n \to \infty} y_n = g \,^*) \qquad [106]$$

oder einfach:

$$y_n \to g \quad \text{für} \quad n \to \infty.$$

Wir betonen, daß „beliebig nahe" nicht dasselbe bedeutet wie „gleich". Auf der Zahlengeraden sind mathematische Zahlen eben ausdehnungslose Punkte, und auch zwei beliebig nahe benachbarte Punkte kann man „unter dem großen Mikroskop" doch immer als getrennte Punkte unterscheiden.

Beispiele. (Die Zahlenfolge entsteht aus der angegebenen Formel, indem man der Reihe nach $n = 1, 2, 3 \ldots$ setzt.)

(α) $\dfrac{1+n}{n}$. Diese Folge lautet

2,00   1,50   1,33   1,25   . . .   ($n = 100$:) 1,01 . . .

und hat den Grenzwert $g = 1$. Also kurzgefaßt:

$$\lim_{n \to \infty} \frac{1+n}{n} = 1.$$

(β) $\left(\dfrac{1+n}{n}\right)^n$. Die Folge lautet

2,00   2,25   2,37   2,44   . . .   ($n = 100$:) 2,66 . . .

und konvergiert gegen die irrationale Zahl e (die dadurch definiert und berechenbar ist). Also ist

$$\lim_{n \to \infty} \left(\frac{1+n}{n}\right)^n = \text{e}.$$

---

*) „Limes y_n für n gegen ∞ gleich g".

130

(γ) Im Gegensatz zu den beiden ersten Beispielen hat die Folge $(-1)^n$ keinen Grenzwert; sie divergiert. Selbst nach beliebiger Fortsetzung kommen sich die beiden Zahlen $+1$ und -1, aus denen sie abwechselnd besteht, nicht näher, was Voraussetzung für Konvergenz wäre.

(II) Grenzwert einer Funktion

Man denke sich nun, die y der Zahlenfolge seien Werte einer *Funktion* $y = f(x)$. In diesem Fall gibt es freilich keine allgemeine Vorschrift, nach der die Aufeinanderfolge der y geregelt werden könnte. Wir stellen uns deshalb vor, in einer genügend fein unterteilten Wertetabelle rücke man mit x in immer kürzeren Schritten gegen einen bestimmten Wert x_1 vor, ohne ihn exakt zu erreichen, d. h. wir betrachten eine konvergente Folge von x-Werten. Die zugehörigen Funktionswerte $f(x)$ bilden dann eine geordnete Zahlenfolge.

Uns interessiert nun die Frage, wie sich die *Folge der Funktionswerte* verhält. Konvergiert sie ebenfalls, so wollen wir vom Grenzwert der Funktion an der betreffenden Stelle (x_1) sprechen.

Die Annäherung von x an x_1 umschreibt man in Anlehnung an die in Gl. [105] benutzten Begriffe, indem man sagt: x liegt in einer δ-Umgebung von x_1, und δ kann beliebig klein werden. So braucht man keine spezielle Zahlenfolge anzugeben, um das Vorrücken von $x \rightarrow x_1$ darzustellen.

Der Grenzwert einer Funktion wird nun auf folgende Weise erklärt:

Die Variable x soll in einer δ-Umgebung von x_1 liegen; es gilt $|x - x_1| < \delta$, aber so, daß $x \neq x_1$, also $\delta > 0$ ist*). Dann besitzt die Funktion $f(x)$ an der Stelle x_1 den Grenzwert g, wenn für *alle* x aus der δ-Umgebung die Differenz zwischen $f(x)$ und g eine beliebig vorzugebende Grenze $\varepsilon (> 0)$ betragsmäßig nicht überschreitet:

$$|f(x) - g| < \varepsilon \quad \text{für} \quad |x - x_1| < \delta. \tag{107}$$

Je kleiner man ε vorgibt, desto näher muß man im allgemeinen mit x an x_1 heranrücken, desto kleiner muß also δ sein.

Man schreibt ganz entsprechend zu Gl. [106]:

$$\lim_{x \to x_1} f(x) = g \;**) \tag{108a}$$

---

*) Die δ-Umgebung hat nichts mit der δ-Funktion zu tun.

**) Die Angabe „$x \rightarrow x_1$" läßt zu, daß x größer oder kleiner als x_1 ist. (Auf jeden Fall ist darunter $x \neq x_1$ zu verstehen. Diese Bemerkung ist nur entbehrlich bei der Annäherung an Unendlich. Denn „∞" ist gar keine Zahl, und $x \rightarrow \infty$ meint nur, daß x größer wird als jeder beliebig vorzugebende Wert.)

131

oder auch:

$$f(x) \to g \quad \text{für} \quad x \to x_1.$$

Dabei ist offengelassen, von welcher Seite man sich dem fraglichen Punkt nähert; in Gl. [107] steht nur der *Betrag* der Differenz. Man kann ergänzend vorschreiben, daß bei der Annäherung stets $x < x_1$ oder stets $x > x_1$ sein soll und damit die Annäherung nur von links resp. von rechts vornehmen. Dabei ergibt sich der *linksseitige Grenzwert*

$$\lim_{\substack{x \to x_1 \\ (x < x_1)}} f(x) = g \; *) \tag{108b}$$

und der *rechtsseitige Grenzwert*

$$\lim_{\substack{x \to x_1 \\ (x > x_1)}} f(x) = g \; *). \tag{108c}$$

Beide können übereinstimmen, so daß die zusammenfassende Schreibweise Gl. [108a] genügt, aber das muß nicht sein.

Der Grenzwert $g = \infty$ wird auch als uneigentlicher Grenzwert bezeichnet.

Beispiele:

(α) Wir betrachten die Sprungfunktion $S(x)$; $\to$ Gl. [101a] und Abb. 2.22. Die Grenzwerte sollen für zwei verschiedene Stellen x_1 untersucht werden.

Sei $x_1 = 1$. Ob man sich diesem Punkt von rechts oder links nähert, ist gleichgültig; beidesmal ergibt sich

$$\lim_{x \to 1} S(x) = 1.$$

Sei nun $x_1 = 0$. Der linksseitige Limes ist

$$\lim_{x \to -0} S(x) = 0,$$

der rechtsseitige

$$\lim_{x \to +0} S(x) = 1.$$

Nach der in Kap. 2.2.4. vorgenommenen Festlegung soll an der Stelle $x = 0$ der Funktionswert $S(0) = 1/2$ sein. Es sind also nicht nur die beiden Grenzwerte verschieden voneinander, sie stimmen auch beide nicht mit dem festgelegten Funktionswert überein.

(β) Grenzwert der Funktion $y = \cos \dfrac{1}{x}$ an der Stelle $x_1 = 0$. Annäherung an diese Stelle bedeutet, daß $1/x$ (als Argument der Funktion) ins Unendliche wächst; dabei schwankt die Funktion ständig zwischen $+1$ und -1 hin und

---

*) Man benutzt auch die Schreibweise $\lim\limits_{x \to x_1 - 0}$, $\lim\limits_{x \to x_1 + 0}$.

her. Es existiert also gar kein Grenzwert. (Dieses Verhalten ist analog dem der Zahlenfolge (γ) in den Beispielen des vorigen Abschnitts.) Der graphischen Darstellung kann man übrigens nichts Zuverlässiges über den Grenzwert entnehmen, da sich das Funktionsbild in der Nähe von $x = 0$ nicht zeichnen läßt.

(γ) Der Grenzwert der Funktion $y = x \cos \dfrac{1}{x}$ an der Stelle $x_1 = 0$ existiert hingegen; er ist $= 0$. – Auch in diesem Fall bereitet die graphische Darstellung Schwierigkeiten.

Den Begriff des Grenzwertes benötigen wir nicht nur für die nun folgende Erklärung der Stetigkeit; er ist von zentraler Bedeutung insbesondere in der Differential- und Integralrechnung ($\rightarrow$ Kap. 3.–6.) und war auch aus diesem Grunde etwas deutlicher zu machen.

(III) Stetigkeit von Funktionen

Mit Hilfe des Grenzwert-Begriffs läßt sich jetzt die Stetigkeit einer Funktion präzise erklären. Man legt fest:

Eine Funktion $y = f(x)$ heißt stetig an der Stelle x_1, falls

$$\lim_{x \to x_1} f(x) = f(x_1) \qquad [109]$$

ist, d.h. falls der Grenzwert der Funktion bei der Annäherung $x \to x_1$ mit dem für die Stelle x_1 selbst vorgeschriebenen Funktionswert übereinstimmt.

An *Sprungstellen* ist die Funktion unstetig, weil die beiderseitigen Grenzwerte nicht übereinstimmen.

An *Unendlichkeitsstellen* liegt überdies eine Unstetigkeit vor, weil die rechte Seite von Gl. [109] gar nicht definiert ist.

Weiter gibt es noch die Möglichkeit einer Unstetigkeit an *Unbestimmtheitsstellen.* – Beispiel für eine Unbestimmtheit:

$$f(x) = \frac{x^2 - 1}{x - 1}$$

ist an der Stelle $x = 1$ unbestimmt, weil Zähler und Nenner Null werden. Es existieren aber die beiderseitigen Grenzwerte und stimmen auch überein:

$$\lim_{x \to 1} f(x) = 2.$$

In solchen Fällen, wo im Kurvenzug „ein Punkt fehlt", pflegt man die „Lücke" mit dem Grenzwert als Funktionswert zu füllen*), hier also $f(1) = 2$ *festzusetzen* und damit die Unstetigkeit zu beheben („hebbare Unstetigkeit"). –

---

*) Si nullum erit, tamen excute nullum (*Ovid*).

Im vorliegenden Beispiel ist das offensichtlich gerechtfertigt, weil man die Funktion zu $f(x) = x + 1$ kürzen kann und in dieser Form $f(1) = 2$ erhält (aber eigentlich ist das Dividieren gerade für $x = 1$ unzulässig). – Nicht immer sind hebbare Unstetigkeiten von dieser übersichtlichen Art *).

Der Begriff Stetigkeit ist zunächst nur für je eine bestimmte *Stelle* der Funktion erklärt. Man kann ihn aber leicht erweitern und definieren:

Eine Funktion heißt *in einem Intervall stetig*, wenn sie an jeder Stelle des Intervalls stetig ist.

In einer etwas einschränkenden Definition legt man den Begriff der sog. gleichmäßigen Stetigkeit fest. Sie liegt vor, wenn die in Gl. [107] benötigte Zahl δ nicht von der betrachteten Stelle innerhalb des Intervalls abhängt.

Wir haben bisher Intervalle einfach in der Form $x = a \ldots b$ angegeben. Gelegentlich ist es notwendig, genau zu sagen, ob die Endpunkte a und b mit zum Intervall gehören sollen oder nicht. Im ersten Fall heißt das Intervall *abgeschlossen* (Bezeichnung auch durch spitze Klammern: $\langle a,b \rangle$), im zweiten Fall *offen* (bezeichnet auch durch runde Klammern: (a,b)).

2.3.2. Einige Eigenschaften stetiger Funktionen

Für stetige Funktionen gelten eine Reihe allgemeiner Sätze. Sofern man die Funktion graphisch darstellen kann, ist ihr Inhalt unmittelbar einleuchtend, so daß wir uns auf eine knappe Mitteilung beschränken können.

(I) Eine in einem abgeschlossenen Intervall $\langle x_1, x_2 \rangle$ stetige Funktion $f(x)$ hat in diesem Intervall einen kleinsten und einen größten Wert (Satz von *Weierstraß*).

(II) Dieselbe Funktion nimmt jeden zwischen $f(x_1)$ und $f(x_2)$ gelegenen Wert $f(x)$ mindestens einmal an (Zwischenwertsatz).

(III) Haben die Werte $f(x_1)$ und $f(x_2)$ der in (I) genannten Funktion verschiedene Vorzeichen, so gibt es zwischen x_1 und x_2 mindestens eine Nullstelle x_3 (wo also $f(x_3) = 0$ ist; Satz von *Bolzano-Weierstraß*).

(IV) Summe, Differenz und Produkt stetiger Funktionen ergeben wieder stetige Funktionen. – Der Quotient zweier stetiger Funktionen ist eine stetige Funktion, soweit die Funktion im Nenner nicht Null wird.

(V) Sind die Funktionen $y = f(\xi)$ und $\xi = g(x)$ stetig, so ist auch die *zusammengesetzte* (*mittelbare*) *Funktion* $y = f[g(x)]$ stetig.

---

*) Näheres über die Behebung von Unbestimmtheiten → Kap. 3.4.4.

Beispiele: x^2 und e^{-x} sind stetige Funktionen. Also sind auch $x^2 + e^{-x}$, $x^2 e^{-x}$, $x^2/e^{-x} = x^2 e^x$, e^{-x^2} etc. stetige Funktionen.

2.3.3. Stetige Funktionen in naturwissenschaftlichen Zusammenhängen

Dem Gefühl widerspricht es, daß zwei Meßgrößen x und y – wenn sie schon funktional zusammenhängen – durch eine unstetige Funktion verknüpft sein sollten („die Natur macht keine Sprünge"). Es gibt aber durchaus eine Reihe naturwissenschaftlicher Anwendungen von unstetigen Funktionen. Manchmal handelt es sich nur um formale, im sachlichen Sinne scheinbare Unstetigkeiten, manchmal um echte. Wir wollen dazu zwei illustrative Beispiele anführen.

(I) Ein idealer *Thomson*scher Schwingkreis (Abb. 2.24.a) werde durch eine periodische Spannung $U = \hat{U} \cos \omega t$ angeregt. Es fließt ein Strom $I = \hat{I} \cos (\omega t + \Delta\varphi)$, der gegen die Spannung um $\Delta\varphi$ phasenverschoben ist. – Wie hängt $\Delta\varphi$ von der Anregungsfrequenz ω ab? Die Theorie ergibt

$$\Delta\varphi = -\frac{\pi}{2} \quad \text{für} \quad \omega < 1/\sqrt{LC},$$

$$\Delta\varphi = +\frac{\pi}{2} \quad \text{für} \quad \omega > 1/\sqrt{LC},$$

also offensichtlich eine bei $\omega = 1/\sqrt{LC}$ unstetige Sprungfunktion (Abb. 2.24.b).

Dies ist eine scheinbare Unstetigkeit. Erstens kann man einwenden, daß ein idealer, also verlustloser Schwingkreis nicht realisierbar ist; jeder noch so kleine Verlustwiderstand bewirkt aber sofort, daß die Kurve s-förmig verschliffen und damit stetig wird. Zweitens ist selbst im Idealfall bei der Frequenz $\omega = 1/\sqrt{LC}$ die Amplitude $\hat{I}$ des Stromes gerade Null, und ob ein nicht vorhandener Strom einen Phasensprung erleidet oder nicht, ist in der Tat ein Scheinproblem.

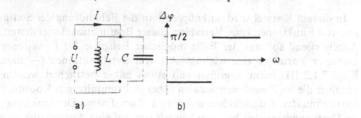

Abb. 2.24. *Thomson*scher Schwingkreis. Phasenverschiebung $\Delta\varphi$ zwischen Wechselstrom I und Wechselspannung U bei Änderung der Frequenz

(II) Echte Unstetigkeiten weisen gewisse Stoffeigenschaften bei Phasenübergängen auf. Bei Supraleitern sinkt der elektrische Widerstand in Abhängigkeit von der Temperatur unterhalb einer kritischen Temperatur sprunghaft auf unmeßbar kleine Werte (Abb. 2.25.a). Das Molvolumen V einer Substanz ändert sich in Abhängigkeit vom Druck p (bei konstanter Temperatur) beim Übergang gasförmig-flüssig in bekannter Weise sprunghaft (Abb. 2.25.b).

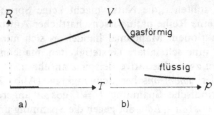

Abb. 2.25. a) Supraleitung: Widerstand R in Abhängigkeit von der Temperatur T. – b) Zustandsgleichung: Volumen V in Abhängigkeit vom Druck p, mit Phasenübergang (Isotherme, $T = $ const)

Der senkrechte Kurventeil kann während des Kondensations-Verdampfungs-Gleichgewichts durchlaufen werden, wenn man V nicht als Molvolumen der reinen Phasen, sondern als mittleres Volumen aus gasförmiger und flüssiger Phase auffaßt.

Auch bei sehr genauer Messung findet man in diesen und ähnlichen Fällen die sprunghaften Änderungen, so daß die mathematische Beschreibung der betreffenden Phänomene durch unstetige Funktionen gerechtfertigt ist.

2.4. Vermischtes zu Funktionen mehrerer Variabler

In diesem Kapitel wird, anknüpfend an die Behandlung der Stetigkeit von Funktionen *einer* Variablen, dieser Begriff zunächst erweitert. Anschließend soll aus der Fülle möglicher Beispiele für Funktionen mehrerer Variabler eine wichtige Art von *Orts*funktionen (→ dazu Kap. 2.1.2.III) herausgegriffen und etwas näher betrachtet werden, nämlich die im Zweidimensionalen (aber in krummlinigen Koordinaten) definierten Kugelflächenfunktionen. Zum Thema Ortsfunktionen im Dreidimensionalen beschränken wir uns auf eine Anmerkung über Vektorfelder und ihre Darstellung.

2.4.1. Erweiterung einiger Begriffe

Die für Funktionen *einer* Variablen eingeführten Begriffe lassen sich unschwer auf den Fall beliebig vieler Variabler übertragen. Entsprechend der Zahl der Variablen sind die geometrischen Veranschaulichungen – soweit möglich – zu modifizieren, wie etwa beim Begriff der Nullstelle: Handelt es sich bei einer Variablen um einen Null*punkt* auf der x-Achse, so wird eine Funktion $f(x,y)$ eine Null-*Linie* in der $x-y$-Ebene erzeugen, eine Funktion von drei Variablen eine Null-*Fläche* im $x-y-z$-Raum, etc.

Wir betrachten noch die Verallgemeinerung der Begriffe Definitionsbereich und Stetigkeit, beschränken uns dabei aber auf Funktionen von zwei Variablen.

Der *Definitionsbereich* – bisher ein Intervall auf der x-Achse – ist jetzt eine Fläche der $x-y$-Ebene. Im einfachsten Fall ist sie rechteckig, ausgedrückt durch: $x = x_1 \ldots x_2$; $y = y_1 \ldots y_2$ (Abb. 2.26.a). Es kann aber auch sein, daß der Definitionsbereich in beliebiger Weise anders berandet ist (Abb. 2.26.b,c).

Man nennt Gebiete der Form a und b, die von einer einzigen, geschlossenen Kurve berandet sind, *einfach zusammenhängend*. Solche der Form c mit zwei voneinander getrennten Randkurven heißen *zweifach zusammenhängend*, etc. „Löcher" wie im letzten Beispiel entstehen auch dort, wo $f(x,y)$ unbestimmt oder unendlich (also undefiniert) ist.

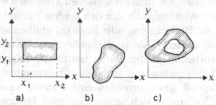

Abb. 2.26. a), b) Einfach zusammenhängende Gebiete; c) zweifach zusammenhängendes Gebiet

Einen *Grenzwert* an der Stelle (x_1,y_1) schreibt man der Funktion $f(x,y)$ zu, wenn für alle Punkte (x,y) innerhalb eines Kreises um die betrachtete Stelle mit dem Radius δ, also für alle (x,y) mit

$$(x-x_1)^2 + (y-y_1)^2 < \delta^2,$$

die Differenz zwischen $f(x,y)$ und dem Grenzwert g eine beliebig vorzugebende Grenze ε betragsmäßig nicht überschreitet:

$$|f(x,y) - g| < \varepsilon. \qquad [110a]$$

137

Die Funktion heißt *stetig*, wenn der Grenzwert g mit dem für die betrachtete Stelle definierten Wert $f(x_1, y_1)$ übereinstimmt. In Kombination mit Gl. [110a] bedeutet Stetigkeit also, daß

$$|f(x,y) - f(x_1, y_1)| < \varepsilon \qquad [110b]$$

für alle Punkte (x, y) aus einer δ-Umgebung von (x_1, y_1).

Der Limes kann hier – anders als bei einer Funktion nur einer Variablen – nicht nur von der rechten oder linken Seite her gebildet werden, sondern man kann sich dem betrachteten Punkt aus beliebiger Richtung nähern. Daher läßt sich auch sagen: *Die Funktion ist an einer Stelle stetig, wenn sich bei Annäherung aus jeder beliebigen Richtung immer derselbe Grenzwert ergibt und dieser mit dem dort definierten Funktionswert übereinstimmt.*

Schließlich heißt eine Funktion in einem Gebiet stetig, wenn sie an jeder Stelle dieses Gebietes stetig ist.

2.4.2. Kugelflächenfunktionen

Die der Kugeloberfläche angemessenen Koordinaten wurden in Kap. 2.1.3.III behandelt.

Jede auf der (idealisierten) Erdoberfläche variable Meßgröße könnte man in einem elementaren Sinn als Kugelflächenfunktion bezeichnen, also etwa die meteorologischen Größen Druck und Temperatur in ihrer Abhängigkeit von den beiden Variablen ϑ und φ. So allgemein ist die Bezeichnung allerdings im mathematischen Zusammenhang nicht gemeint; sie ist vielmehr einer besonderen Art von Funktionen vorbehalten, die, durch bestimmte analytische Darstellungen als $f(\vartheta, \varphi)$ gegeben und nach einem bestimmten Bildungsgesetz zusammenhängend, gewissermaßen eine Familie verwandter Funktionen bilden. Es handelt sich genauer um zwei Teilfamilien. Die erste umfaßt Funktionen, die nur von ϑ abhängen, deren Bild rotationssymmetrisch zur z-Achse ist (*Legendre*sche Funktionen), die zweite zudem auch von φ abhängige Funktionen (allgemeine Kugelflächenfunktionen).

Beide Arten von Funktionen sind als dimensionslose Größen definiert. Wir werden sie deshalb auch nicht mit y oder einer anderen, an Meßgrößen erinnernden Bezeichnung versehen, sondern $P(\vartheta)$ resp. $S(\vartheta, \varphi)$ nennen*).

---

*) Die Bezeichnungen haben nichts mit der relativen Häufigkeit P oder der Einschaltfunktion S zu tun.

Wenn irgendeine *Meßgröße* u in ihrer Ortsabhängigkeit durch diese Funktionen beschrieben werden soll, muß man einen Vorfaktor der Dimension von u einfügen, also

$$u = u_0\,P(\vartheta) \quad \text{resp.} \quad u = u_0\,S(\vartheta,\varphi)$$

schreiben.

(I) Die Legendreschen Funktionen

Diese Funktionen hängen nur von ϑ, nicht von φ ab; ihre graphische Darstellung ist daher rotationssymmetrisch um die z-Achse. Die Nullstellen der Funktion („Knotenlinien") sind allemal Breitenkreise. Sie teilen die Kugeloberfläche in positive und negative Zonen, weswegen man auch von *zonalen Kugelflächenfunktionen* spricht.

Es gibt unendlich viele Legendresche Funktionen, die durch einen Index l unterschieden werden. Die ersten Vertreter sind:

$$\begin{aligned}
P_0(\vartheta) &= 1,\\
P_1(\vartheta) &= \cos\vartheta,\\
P_2(\vartheta) &= \tfrac{1}{2}(3\cos^2\vartheta - 1),\\
P_3(\vartheta) &= \tfrac{1}{2}(5\cos^3\vartheta - 3\cos\vartheta),\\
&\vdots\\
P_l(\vartheta); \qquad l &= 0\ldots\infty.
\end{aligned}$$

[111]

Es treten immer nur Potenzen von $\cos\vartheta$ – nicht von anderen Winkelfunktionen – auf. Die Funktionen sind, mit anderen Worten, Polynome von $\cos\vartheta$ und heißen deshalb auch *Legendresche Polynome*. Der Grad des Polynoms (die höchste Potenz von $\cos\vartheta$) ist gleich dem Index l [*].

Eine graphische Darstellung kann man auf verschiedene Weise anlegen. Da es sich zunächst noch um Funktionen der einen Variablen ϑ handelt, läßt sich $P(\vartheta)$ in rechtwinkligen Koordinaten gegen ϑ auftragen, wobei der Definitionsbereich $\vartheta = 0\ldots\pi$ ist. – Eine zweite Möglichkeit besteht in der Veranschaulichung der Zonen mittels Schwärzung auf der Kugeloberfläche. Beide Varianten sind für einige der Funktionen in Abb. 2.27. enthalten.

(II) Allgemeine Kugelfunktionen

Eine Weiterentwicklung der *Legendre*schen Funktionen sind die

---

[*] Mitunter schreibt man die *Legendre*schen Polynome mit der Abkürzung $\cos\vartheta = x$ (wo x aber nicht die Bedeutung der Ortskoordinate hat!!) in der Form: $P_0(x) = 1$, $P_1(x) = x$ etc.

allgemeinen Kugelflächenfunktionen (spherical harmonics*) oder einfach „Kugelfunktionen"). Das ist eine nunmehr durch zwei In-. dizes zu ordnende Familie von Funktionen, die sowohl von ϑ als auch von φ abhängen. Jede der Funktionen setzt sich aus zwei Faktoren zusammen, von denen der eine allein die ϑ-Abhängigkeit, der andere allein die φ-Abhängigkeit darstellt.

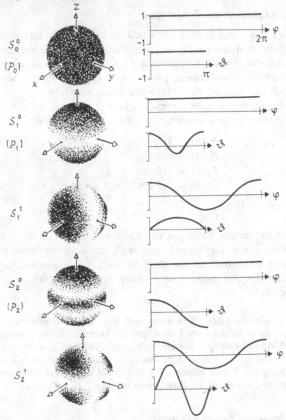

Abb. 2.27. Kugelflächenfunktionen

---

*) Diese englische Bezeichnung weist auf eine wichtige Eigenschaft der Funktionen hin: Sie stellen eine Art von Grund- und Oberschwingungen auf der Kugeloberfläche dar, so wie im Eindimensionalen Cosinus und Sinus mit ihren „Harmonischen", die jeweils Bruchteile der Grundwellenlänge haben (schwingende Saite, Orgelpfeife). Näheres dazu → Kap. 12.3.

Der erste Faktor besteht, ähnlich wie die *Legendre*schen Funktionen, aus $\cos\vartheta$-, nun aber auch aus $\sin\vartheta$-haltigen Polynomen vom Grade l. Sie werden auch als *zugeordnete Legendre*sche Funktionen bezeichnet. Im einzelnen hängen sie noch von der Wahl des zweiten Faktors ab.

Dieser zweite Faktor ist besonders einfach: Er lautet nämlich $e^{im\varphi}$, wo m eine noch einzuschränkende ganze Zahl ist. *Die allgemeinen Kugelflächenfunktionen sind demnach komplexwertig.* Jedoch kann man Real- und Imaginärteil des φ-abhängigen Faktors für sich allein ebenfalls benutzen (vgl. Gl. [10]), so daß man auch reellwertige Kugelflächenfunktionen mit den Faktoren

$$\cos m\varphi \quad \text{resp.} \quad \sin m\varphi$$

bekommt.

Der Koeffizient m ist dadurch eingeschränkt, daß er betragsmäßig nicht größer als l (der Grad des ersten Faktors) sein darf:

$$|m| \leqslant l. \tag{112}$$

Man bezeichnet die allgemeinen Kugelflächenfunktionen mit den charakteristischen Zahlen l und m als Indizes:

$$S_l^m(\vartheta, \varphi); \quad l = 0 \ldots \infty; \quad m = -l \ldots +l\,{}^*) \tag{113}$$

(m ist ein hochgestellter Index, keine Potenz).

Für $m = 0$ ist $e^{im\varphi} = 1$, und die φ-Abhängigkeit geht verloren. In diesem Fall ergeben sich wieder die *Legendre*schen Funktionen Gl. [111]: $S_l^0(\vartheta, \varphi) = P_l(\vartheta)$.

Wir geben als Beispiel einige allgemeine Kugelflächenfunktionen in reeller Schreibweise an:

$$S_0^0(\vartheta, \varphi) = P_0(\vartheta) = 1,$$

$$\begin{aligned}
S_1^0(\vartheta, \varphi) = P_1(\vartheta) &= \cos\vartheta, \\
S_1^1(\vartheta, \varphi) &= \sin\vartheta \cos\varphi \quad \text{oder} \\
&= \sin\vartheta \sin\varphi,
\end{aligned}$$

$$\tag{114}$$

$$\begin{aligned}
S_2^0(\vartheta, \varphi) = P_2(\vartheta) &= \tfrac{1}{2}(3\cos^2\vartheta - 1), \\
S_2^1(\vartheta, \varphi) &= 3\sin\vartheta \cos\vartheta \cos\varphi \quad \text{oder} \\
&= 3\sin\vartheta \cos\vartheta \sin\varphi, \\
S_2^2(\vartheta, \varphi) &= 3\sin^2\vartheta \cos 2\varphi \quad \text{oder} \\
&= 3\sin^2\vartheta \sin 2\varphi.
\end{aligned}$$

---

*) Auch: $Y_l^m(\vartheta, \varphi)$.

Wir haben nur Beispiele für positive m aufgeführt, weil sich – bis auf einen konstanten Faktor – die Funktionspaare für $+m$ und $-m$ nicht unterscheiden. Abb. 2.27. zeigt einige graphische Darstellungen (für $m \neq 0$ ist darin die φ-Abhängigkeit als cos gewählt). Während für $m = 0$ die erwähnte Einteilung in Zonen zu sehen ist, treten für $m \neq 0$ noch zusätzlich Knotenlinien im Verlauf der Längenkreise auf. Die Oberfläche wird dadurch weiter unterteilt. Für größere l- und m-Werte hat man sie sich bedeckt zu denken mit viereckigen, verschieden großen Flächenstücken, die in schachbrettartiger Weise abwechselnd positiv und negativ sind.

Es ist interessant, daß diese Kugelfunktionen sozusagen zweidimensionale *Ausschnitte aus Ortsfunktionen im Dreidimensionalen* sind, welche sich in recht einfacher Form hinschreiben lassen, falls man *kartesische* Koordinaten für sie benutzt. Eine solche Ortsfunktion möge u heißen: $u = f(x, y, z)$. In ihr geht man zunächst über Gl. [77a] zu räumlichen Polarkoordinaten über und setzt dann $r = \text{const} = 1$, so daß man sich nur noch mit den Funktionswerten u auf der zweidimensionalen Oberfläche der Einheitskugel befaßt. Im folgenden ist angegeben, wie $u = f(x, y, z)$ lauten müßte, damit sich auf der Einheitskugel gerade die in Gl. [114] aufgeführten Kugelflächenfunktionen ergeben:

$$u = f(x, y, z) \rightarrow \text{auf Kugelfläche (mit } \varphi\text{-Abhgk.)}$$

$$
\begin{array}{lll}
u = 1 & S_0^0 & \\
\hline
u = z & S_1^0 & \\
u = x & S_1^1 & (\cos \varphi) \\
u = y & S_1^1 & (\sin \varphi) \\
\hline
u = z^2 - \dfrac{x^2 + y^2}{2} & S_2^0 & \\
u = 3xz & S_2^1 & (\cos \varphi) \\
u = 3yz & S_2^1 & (\sin \varphi) \\
u = 3(x^2 - y^2) & S_2^2 & (\cos 2\varphi) \\
u = 6xy & S_2^2 & (\sin 2\varphi)
\end{array}
$$

[115]

Betrachten wir die oben, in Gl. [115], aufgeführten Funktionen u noch einen Augenblick ohne die zwangsweise Beschränkung auf die Kugeloberfläche, einfach als Exempel für *Ortsfunktionen im Dreidimensionalen*. Für ihre graphische Darstellung empfehlen sich Polarkoordinaten und das Zwiebelschalenmodell der Abb. 2.7.b, da ja nach unseren Darlegungen der Funktionsverlauf auf den Schalen ($r = \text{const}$) schon bekannt ist (nämlich die Form S_l^m hat, vgl.

Abb. 2.27.). Man darf allerdings nicht $r = 1$ festsetzen, sondern muß r als Variable stehen lassen. An Gl. [115] sieht man, daß dadurch zusätzlich ein Faktor r^l auftritt. Gemäß dieser r-Abhängigkeit nimmt im Bild die Schwärzung der Schalen nach außen zu. Die Funktionen u bestehen, in Polarkoordinaten ausgedrückt, aus drei Faktoren, von denen je einer die r-, ϑ- und φ-Abhängigkeit wiedergibt.

Die Kugelfunktionen sind von Bedeutung in der Quantenchemie, wo sie in komplexer Form benötigt werden. Die Indizes l und m spielen dort eine wichtige Rolle als Drehimpulsquantenzahl (l) und magnetische Quantenzahl (m).

2.4.3. Bemerkungen über vektorielle Ortsfunktionen (Vektorfelder)

Bislang wurde immer angenommen, daß die Funktionswerte skalare Größen seien. Nun betrachten wir Vektoren. Man kann sie in ihre drei skalaren Komponenten zerlegen, diese einzeln hernehmen und – als skalare Größen – in gewohnter Weise behandeln. Deshalb haben wir neue mathematische Gesichtspunkte nicht zu erwarten. Dennoch sind ein paar Bemerkungen zu machen, und zwar über die Veranschaulichung vektorieller Größen in ihrer Abhängigkeit vom Ort.

Für vektorielle Ortsfunktionen lassen sich zahlreiche physikalische Beispiele anführen, so die Schwerkraft in der Umgebung unseres Planeten, die elektrische Feldstärke im Raum zwischen entgegengesetzt geladenen Körpern, die magnetische Feldstärke in einer Spule. In der Benennung dieser Größen taucht teilweise schon das Wort auf, mit dem man im Raum variable vektorielle Größen häufig benennt: Man spricht von *Vektorfeldern.*

(1) Darstellung durch Feldlinien

Die graphische Darstellung einer einzeln gegebenen vektoriellen Größe wurde in Kap. 1.1.2.1 erörtert. Was die Darstellung der Ortsabhängigkeit betrifft, so haben wir sie in Kap. 2.1.2. für Skalare besprochen, aber Vektoren ausgelassen. Um die Ortsabhängigkeit vektorieller Größen bildlich zu fassen, kann man an die eine oder andere dieser Betrachtungen anknüpfen.

(α) Man zeichnet in einer Schrägansicht oder einem geeigneten zweidimensionalen Schnitt an verschiedenen Orten des Raumes, die man nach Gutdünken auswählt, die dort wirksame Vektorgröße als Pfeil. Bei etwas zeichnerischem Aufwand erhält man ein anschauliches Bild des Vektorfeldes, das allerdings feinere Details kaum wiedergeben kann.

Diese Darstellung ist bezüglich der physikalischen Dimensionen gemischt: Mit den räumlichen Koordinaten x, y, z wird der Ort festgelegt; die Achsenteilung hat also die Dimension einer Länge. Die Vektorpfeile stellen die Meßgröße dar; ihre Länge hat also die Dimension dieser Größe (z. B. Kraft, Feldstärke etc.).

Abb. 2.28. zeigt eine solche Darstellung am Beispiel des Schwerefeldes der Erde. Die Schwerkraft $\vec{F}$ ist ein radial zum Erdzentrum hin gerichteter Vektor. Für seinen Betrag gilt

$$F = c/r^2 \qquad [116]$$

(wo c eine Konstante und r der Abstand vom Erdmittelpunkt ist). Die Abb. zeigt, daß mit dieser Methode die Richtung präzise, der Betrag aber – jedenfalls in quantitativer Hinsicht – weniger zufriedenstellend darstellbar ist.

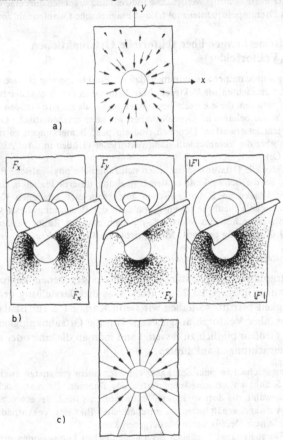

Abb. 2.28. Schwerkraftfeld der Erde. Beispiel für verschiedene Darstellungen eines Vektorfeldes (Schnitt in der Äquatorebene). a) Lokale Kraftvektoren; b) Komponenten und Betrag der Kraft, dargestellt als skalare Ortsfunktionen durch Schwärzung oder Niveaulinien; c) Feldlinien

(β) Ausgehend von der Darstellung einer skalaren Größe könnte man jede Komponente des Vektors (wie auch seinen Betrag) als *Skalar* auffassen und nach den dafür geeigneten Verfahren darstellen. In Abb. 2.28.b ist das für das gleiche Beispiel, also die Komponenten und den Betrag der Schwerkraft, geschehen, und zwar einmal durch Linien*), längs denen die dargestellte Größe konstant ist, und zum anderen durch Schwärzung. Auf diesem Wege erhält man wohl ein detailreicheres, aber kein besonders anschauliches Bild, und der Vektorcharakter der Größe kommt überhaupt nicht zum Ausdruck.

Es ist deshalb zweckmäßig, vektorielle Ortsfunktionen durch eine besondere Art der Darstellung zu veranschaulichen, nämlich durch *Feldlinien*. Man denke sich in Abb. 2.28.a hintereinanderliegende Pfeile zu einer Feldlinie verkettet und diese mit nur einer Pfeilspitze markiert. Nicht immer resultieren, wie in unserem Beispiel, gerade Feldlinien. Ganz allgemein soll deshalb gelten:

Die Richtung der vektoriellen Größe ergibt sich, indem man an der betrachteten Stelle des Raumes die Tangente an die Feldlinie zeichnet und mit einem gleichsinnigen Pfeil versieht.

Um auch den Betrag veranschaulichen zu können, denken wir uns zunächst an der betrachteten Stelle des Raumes hilfsweise ein kleines Flächenstück $A_\perp$ senkrecht zu den Feldlinien orientiert (Abb. 2.29.).

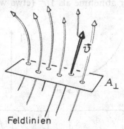

Abb. 2.29. Feldliniendichte als Feldlinienzahl durch Bezugsfläche $A_\perp$. Als Beispiel ist ein lokaler Vektor $\vec{v}$ mit eingezeichnet, dessen Richtung und Betrag sich aus Feldlinienrichtung und -dichte ergeben

Als Dichte der Feldlinien sei nun die Zahl der Feldlinien, welche durch diese Fläche „hindurchstechen", bezogen auf die Fläche $A_\perp$, bezeichnet (die Dichte ist also die Feldlinienzahl pro cm² oder m²). Es wird nun folgende Vereinbarung getroffen:

---

*) Im Raum handelt es sich um *Flächen*, auf denen die Größe konstant ist! Sie erscheinen nur im Schnitt mit der Darstellungsebene (der $x-y$-Ebene) als *Linien*.

Der Betrag der vektoriellen Größe ist proportional zur Feldlinien-dichte an der betrachteten Stelle des Raumes.

Im vorliegenden Beispiel sollte nach dieser Vereinbarung, da für den Betrag der Schwerkraft Gl. [116] gilt, die Feldliniendichte proportional $1/r^2$ sein. Das ist von selbst der Fall, wenn man radiale (unendlich lange) Feldlinien in *gleichen* Winkelabständen zeichnet, wie es in Abb. 2.28. geschehen ist.

Wegen der Kugelsymmetrie (die sich übrigens auf dem Papier – bei nur einem Schnitt – nicht zu erkennen gibt!) kann man nämlich die Dichte angeben als Gesamtzahl der Feldlinien, dividiert durch die Oberfläche einer umhüllenden Kugel vom Radius r, und diese Fläche ist proportional r^2.

(II) Quellen und Senken in Vektorfeldern

Im Beispiel des Schwerefeldes ergibt sich, wie wir sahen, von selbst die richtige Feldliniendichte, indem man einfach unendlich lange radiale Linien zeichnet. Das ist ein Zufall! Er tritt nur ein, weil sich der Betrag der Schwerkraft gerade gemäß Gl. [116] ändert, also proportional zu $1/r^2$ ist. Um zu illustrieren, wie die Darstellung im Falle einer anderen Abhängigkeit zu zeichnen wäre, nehmen wir einmal an, es liege ein (nach wie vor kugelsymmetrisches, radial gerichtetes) Vektorfeld vor, in dem aber der Betrag mit zunehmendem Abstand zunächst langsamer, dann schneller abnehme als $1/r^2$ (etwa wie in Abb. 2.30.a; eine ge-

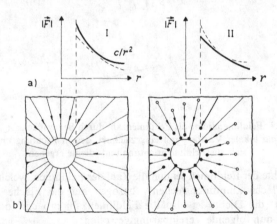

Abb. 2.30. Verschiedene kugelsymmetrische, radial gerichtete Vektorfelder. a) Abhängigkeit des Betrages F vom Abstand r; b) entsprechende Feldlinienbilder (im Fall II mit Quellen und Senken). Fall I ist das Schwerkraftfeld von Abb. 2.28.

146

eignete Funktion wäre z. B. vom Typ e⁻ʳ). Die Feldliniendichte des Schwerefeldes wäre demgemäß bei kleinen und bei großen Abständen zu verringern; die Feldlinien sind – ohne ihre Richtung zu ändern – gleichsam auszudünnen. Das ist zeichnerisch so darzustellen wie in Abb. 2.30.b*), wo die beiden Fälle noch einmal nebeneinandergestellt sind. Man sieht: Indem man der *Feldliniendichte vereinbarungsgemäß eine präzise Bedeutung* zuschreibt, ist man im allgemeinen *genötigt, die Feldlinien im Raum beginnen und enden zu lassen*.

Man bezeichnet Bereiche, in denen Feldlinien „entspringen", als Quellen des Vektorfeldes, Bereiche, in denen sie enden, als Senken. Diese Namen sind ersichtlich von Beispielen genommen, welche Strömungen darstellen. Eine ganz elementare Bedeutung haben Quellen und Senken auch in elektrischen Feldern: Die elektrischen Feldlinien entspringen auf positiven und enden auf negativen Ladungen. Man kann Teil I der Abb. 2.30.b auch als elektrisches Feld einer (negativ) geladenen Kugel auffassen. Die Senken liegen dann alle auf der Kugeloberfläche, die Quellen irgendwo sehr weit weg (im Unendlichen). Teilbild II entsteht, wenn sich Ladungen auch in den Raum um die Kugel herum begeben („Raumladungen").

Quantitativ werden Quellen und Senken durch eine Maßzahl erfaßt, die man „Divergenz" des Vektorfeldes nennt. In einem Feld ohne Quellen und Senken ist die Divergenz überall Null. Als quellenfreies Vektorfeld sei das magnetische Feld angeführt. Seine Feldlinien sind konsequenterweise in sich geschlossen. – Auf das Rechnen mit Vektorfeldern gehen Kap. 4.3. und 6.4. ein.

---

*) Der Abbildungsteil II ähnelt Abb. 2.28.a, hat aber dennoch nicht die gleiche Bedeutung! Hier sagen eben Anfang und Ende des Pfeiles nichts aus über den Betrag des Vektors, sondern über Bereiche mit Quellen resp. Senken, während der Betrag in der Feldlinien*dichte* verschlüsselt ist.

Sachverzeichnis